… 를 재정립
… 로 내다본
지평 너머의 미래에, 인류는 귀를 기울이는 방법
을 배움으로써 지구에서 더 나은 공존을 하게 될
것이다. —「헤럴드」

매혹적이면서 배울 것이 많은 이야기들……. 메
이어르는 많은 동물들이 세련되고, 우리가 생각
하는 것보다 더 지적일지도 모르는, 종종 놀라운
존재라는 것을 보여준다. —「스펙테이터」

매우 흥미롭다……. 이 책은 다른 종들이 서로
의사소통하는 방법을 엿볼 수 있게 해준다.
—「데일리 메일」

# 이토록 놀라운 동물의 언어

# 이토록 놀라운 동물의 언어

## 언어로 들여다본 동물의 내면

에바 메이어르
김정은 옮김

Dierentalen
by Eva Meijer


역자 김정은(金廷垠)
성신여자대학교에서 생물학을 전공했고, 뜻있는 번역가들이 모여 전 세계의 좋은 작품을 소개하고 기획 번역하는 펍헙 번역 그룹에서 전문 번역가로 활동하고 있다. 옮긴 책으로는 『유연한 사고의 힘』, 『바람의 자연사』, 『바이털 퀘스천』, 『진화의 산증인, 화석 25』, 『미토콘드리아』, 『세상의 비밀을 밝힌 위대한 실험』, 『신은 수학자인가?』, 『생명의 도약』, 『날씨와 역사』, 『좋은 균 나쁜 균』, 『자연의 배신』, 『카페인 권하는 사회』, 『감각의 여행』 등이 있다.

편집, 교정_이예은(李叡銀)

이토록 놀라운 동물의 언어 : 언어로 들여다본 동물의 내면

저자 / 에바 메이어르
역자 / 김정은
발행처 / 까치글방
발행인 / 박후영
주소 / 서울시 용산구 서빙고로 67, 파크타워 103동 1003호
전화 / 02 · 735 · 8998, 736 · 7768
팩시밀리 / 02 · 723 · 4591
홈페이지 / www.kachibooks.co.kr
전자우편 / kachibooks@gmail.com
등록번호 / 1-528
등록일 / 1977. 8. 5
초판 1쇄 발행일 / 2020. 10. 15
2쇄 발행일 / 2021. 10. 25
값 / 뒤표지에 쓰여 있음

ISBN 978-89-7291-726-7 03490

이 도서의 국립중앙도서관 출판예정도서목록(CIP)은 서지정보유통지원시스템 홈페이지(http://seoji.nl.go.kr)와 국가자료종합목록시스템(http://www.nl.go.kr/kolisnet)에서 이용하실 수 있습니다. (CIP제어번호 : CIP2020040097)

차례

들어가는 글 9
서론 11

제1장 인간의 언어로 말하기 27
제2장 살아 있는 세계에서의 대화 69
제3장 동물과 함께 살아가기 109
제4장 몸으로 생각하기 145
제5장 구조, 문법, 해독 175
제6장 메타 의사소통 199
제7장 우리가 동물과 이야기를 해야 하는 이유 229

감사의 글 249
주 251
역자 후기 281
인명 색인 285

바티르, 님, 페터르,

그리고 다른 존재들을 위하여

# 들어가는 글

만약 운이 좋으면, 우리는 우리와 이야기를 하고 싶어하는 동물들을 만날 수 있다. 운이 더 좋으면, 시간과 노력을 들여서 우리에 대하여 알고 싶어하는 동물들과 만날 수 있을지도 모른다. 나의 경험에 비추어볼 때 대부분의 동물들은 이야기하기를 매우 좋아한다. 그리고 우리에게 해줄 이야깃거리도 넉넉한 편이다.

어떤 동물과는 가까운 관계를 맺을 수도 있다. 그런 관계를 통해서 우리는 그 동물에 관하여 궁금했던 것뿐만 아니라 그 동물의 언어와 우리 자신에 관해서도 배우게 된다. 동물들은 저마다 고유한 시선으로 삶을 바라본다. 동물들의 시선으로 사물을 바라볼 수 있다면, 우리가 사는 세상도 다르게 보일 것이다. 많은 사람들은 여행을 하고 다른 문화를 배움으로써 지평을 넓히고 새로운 경험을 쌓는다. 그러나 우리 주변에도 발견되기를 기다리고 있는 수많은 문화들이 널려 있다. 바로 개미, 비둘기, 고양이, 토끼, 소의 문화이다.

이 책의 시작은 나의 어린 시절로 거슬러올라간다. 그때는 사람뿐만 아니라 고양이, 기니피그, 말도 중요한 역할을 했다. 특히, 열한 살부터 열여섯 살까지 나와 함께한 조랑말 조이는 인간과 다른 동물이 언어를 광범위하게 공유할 수 있다는 것을 나에게 일깨워주었다. 내가 갓 성인이 되었을 때, 피카라는 이름의 개는 나에게 개의 언어와 삶에서 중요한 것에 관하여 가르쳐주었다. 피카가 없었다면 이 책은 존재하지 않았을 것이다. 지금 나는 개 올리와 고양이 퓌티와 함께 살고 있는데, 올리와 퓌티는 내가 생각하고 행동할 수 있도록 도와준다.

철학을 공부하는 동안, 나는 서양철학의 전통에는 동물이 거의 배제되어 있다는 사실에 크게 놀랐다. 사고는 오랫동안 인간을 위한, 인간에 관한 활동으로 인식되어왔다. 그러나 이런 인식에 변화가 일어나고 있다. 특히 윤리학, 더 최근에는 정치철학에서도 동물을 다루고 있다. 그럼에도 불구하고 동물의 언어는 여전히 거의 탐구되지 않은 영역으로 남아 있다. 언어철학에서는 동물에 거의 관심도 기울이지 않고 있다. 이는 안타까운 일인데, 우리는 언어를 통해서 다른 동물을 통찰할 수 있고, 다른 동물을 통해서 언어를 통찰할 수도 있기 때문이다. 동물 언어에 대한 연구는 다른 동물들과 우리 자신을 다른 방식으로 바라볼 수 있도록 도와준다.

# 서론

회색앵무인 알렉스는 100개가 넘는 단어들을 알았다. 알렉스는 그 단어들을 활용해서 물건의 개수를 세거나 물건을 종류별로 구별해서 자신의 능력을 증명했다. 또한 농담을 했고, 단어를 구사하여 주위 사람들의 행동에 영향을 주었다.[1] 보더콜리인 체이서는 1,000개가 넘는 장난감의 이름을 익혔고, 문법을 이해했다. 야생 돌고래는 서로의 이름을 부른다. 프레리도그에게는 침입자를 광범위하게 묘사할 수 있는 언어가 있다. 프레리도그는 그 언어를 이용하여 인간의 덩치, 입고 있는 옷의 색깔, 가지고 있는 물건과 머리카락의 색까지 묘사한다. 갇혀 있는 코끼리는 인간의 단어를 말할 수 있다. 야생 코끼리에게 "인간"에 해당하는 단어는 위험을 의미한다. 고래, 문어, 꿀벌, 그리고 여러 새들의 언어에는 문법이 있다. 갯가재는 12가지 경로로 색을 감지하여 의사소통에 활용한다. 이에 비해서 인간이 색을 감지하는 경로는 3개뿐이다.[2] 개는 야생에서 사는 사촌인 늑대와 달리, 인간의 몸짓을 이해하고 인간의 얼굴에 나타나는 감

정을 읽을 수 있다.[3] 마모셋원숭이는 주거니 받거니 대화를 나누고, 그 기술을 자손에게 가르친다.[4]

인간은 고대 그리스 시대부터 동물의 언어와 의사소통에 관심을 기울여왔다. 그러나 동물의 행동과 의사소통에 대한 과학적 연구인 동물행동학이 본격적으로 발전하기 시작한 것은 1950년 무렵부터였고, 최근에는 동물 언어에 대한 관심이 점점 더 높아지고 있다. 최근 연구에서 밝혀진 바에 따르면, 다른 동물들은 우리가 지금까지 생각했던 것보다 훨씬 더 복잡한 방식으로 의사소통을 하고 있다. 그러나 동물에 대해서나, 언어에 대한 우리의 이해에서나 이런 사실이 지니는 중요성을 다룬 글은 거의 없다. 다른 동물들의 언어를 의사소통이라고 부를 수 있을까? 다른 동물들과 대화를 나눌 수 있을까? 만약 그럴 수 있다면, 그 방법은 무엇일까? 인간의 언어가 특별한 것일까, 아니면 언어는 모두 특별한 것일까? 도대체 언어란 무엇일까?

이 책의 목표는 모든 동물의 언어에 대한 개요를 제공하는 것이 아니다. 매우 많은 동물 종들이 저마다 하나 이상의 언어를 가지고 있으며, 우리는 그 수많은 유형에 대해서 아직까지 지식이 거의 전무한 상태이다. 그러나 나는 이 책에서 동물의 언어에 대한 경험적 연구와 그것에서 발생하는 철학적 문제들을 탐구하고자 한다. 나의 목표는 우리를 둘러싸고 있는 동물의 언어가 얼마나 풍성한지를 보여주고, 그 언어를 배움으로써 동물에 대한 우리의 생각이 어떻게 바뀔 수 있는지를 탐구하는 것이다.

오랫동안 동물의 지능은 인간의 지능을 기준으로 측정되어 왔다. 예를 들면 인간에 비해서 동물이 얼마나 퍼즐을 잘 푸는지를 알아보는 실험이 있다. 동물의 감각은 인간과는 다른 방향으로 발달해왔기 때문에, 이런 종류의 실험에서 동물은 절대로 인간만큼 높은 점수를 받지 못할 것이다. 동물이 살아남기 위해서 필요한 기술은 인간과는 다르다. 그러나 반대로도 생각해볼 수 있다. 개미의 관점에서 보면, 인간은 협동에 서툴기 때문에 그들의 눈에는 인간이 그다지 똑똑해 보이지 않을지도 모른다. 비둘기의 관점에서 보면, 인간은 공간지각 능력이 형편없다. 개의 관점에서 보면, 인간은 냄새로 길을 찾을 수 없다. 제1장에서는 동물들이 인간의 언어로 말하도록 가르치려고 했던 실험들을 살펴보고, 그 실험들에서 드러난 언어의 작동 방식을 탐구해볼 것이다.

생물학에서는 이제 지능을 그 종이 처한 고유의 문제를 다루는 능력으로 이해하고 있다.[5] 동물의 의사소통 방식은 그들의 고유한 생활환경에 맞춰져 있고, 그들의 신체 능력과 인지 능력을 토대로 한다. 이를테면, 물속에서는 소리의 이동속도가 빠르기 때문에 고래는 종종 소리를 이용해서 의사소통을 한다. 이에 비해서 냄새나 시각 정보는 바다에서 덜 유용하다. 코끼리는 매우 낮은 소리를 이용하여 수 킬로미터에 걸쳐서 교신을 할 수 있다. 반면, 박쥐는 대단히 높은 소리를 이용하여 주변 환경을 파악하고 길을 찾거나 사냥을 한다. 이 동물들에게서 발달한 매우 복잡한 의사소통 체계는 어떤 면에서 보면 인간의 언어와 비슷하다. 제2장에서는 자연에서 볼 수 있는 동물의 언어들을 살펴보고, 그것들을 더 깊이 탐구해볼 것이다.

대부분의 동물들은 인간의 언어로 자신을 표현하지 않기 때문에, 때로 인간은 동물이 무슨 생각을 하는지 알 길이 없다고 생각한다. 우리가 다른 사람을 이해할 수 있는 까닭은 그들이 말을 하기 때문이다. 언어는 우리가 다른 이들의 내면 세계를 들여다볼 수 있게 해준다. 동물들은 말을 할 수 없기 때문에, 그들의 내면은 늘 수수께끼로 남아 있을 것이다. 그러나 다른 사람의 생각이나 기분을 우리가 진정으로 이해하고 있는지도 의문스럽기는 마찬가지이다. 언어는 기만을 하기도 한다. 누군가가 당신에게 사랑한다고 말했다가 나중에는 아니라고 말할 수도 있다. 언어는 오해를 불러오기도 한다. 당신이 낭만적으로 이해한 사랑한다는 말에는 단순히 우정의 의미만 담겨 있을지도 모른다. 언어는 명확하지 않으며, 사람도 그렇다. 우리는 결코 다른 사람의 생각을 뚜렷하게 알 수 없다. 실제로 일부 철학자들은 우리가 다른 사람들의 생각을 결코 꿰뚫어볼 수 없다고 말한다. 더 나아가, 왜 특정 종에 속한다는 이유만으로 다른 사람에 대한 우리의 이해력이 어느 정도인지가 결정되는지에 의문을 제기할 수도 있을 것이다. 인간은 구분 짓기를 좋아하고, 다른 동물들은 다른 방식으로 자신들을 표현하고 다른 방식으로 세상을 인식하지만, 그럼에도 불구하고 여전히 인간과 동물 사이에는 공통된 부분이 있다. 종은 이해력을 결정짓지 않는다. 사회적인 요인도 중요하다. 만약 당신이 어떤 동물을 잘 안다면, 예를 들면 함께 사는 반려동물이 있다면, 완전히 다른 문화권에서 온 사람보다는 그 동물을 더욱 잘 이해할 수 있는 경우가 종종 있을 것이다. 제3장에서는 우리와 함께 사는 동물들, 즉 우리의 개와 고양이와 기니피그와 앵무새 같은 반려동물과 양과 돼지와 소 같은 가축들과 인간 사이의 대화에 관한 이야기를 할 것이다. 그다음 제4장에서는 생각의 과정에서 신체가 하는 역할을 살펴보고, 동물 연구에 현상학적으로 접근해 본다.

제5장에서는 동물 언어의 구조를 더 심도 있게 탐구한다. 오랫동안 문법은 인간 언어의 전유물이었고, 동물의 언어는 기본적으로 감정을 직접적으로 표현하는 것이라고 여겨져왔다. 그러나 최근 연구에서 그렇지 않다는 사실이 밝혀졌다. 동물의 언어도 때로는 구조가 복잡하고 상징적이

며 추상적일 수 있다. 또한 과거나 미래의 상황이나, 동물이 도달할 수 없는 범위의 상황을 다른 방식으로 언급할 수 있다.

놀이는 동물이 서로 의사소통을 하는 방법 중의 하나이며, 동물은 놀이를 할 때에도 그 놀이에 대해서 무엇인가를 말할 수 있다. 우리는 이것을 의사소통에 관한 의사소통이라는 뜻으로 메타 의사소통이라고 부른다. 제6장에서는 놀이와 언어와 메타 의사소통과 규칙의 관계를 살펴보고, 동물의 도덕에 대하여 이야기할 것이다.

동물의 언어를 생각한다는 것이 억지스럽게 보일지도 모른다. 마치 우리의 의사소통 형태와 동물들의 의사소통 형태 사이에 엄청난 차이가 있고, 인간의 언어는 동물이 결코 도달할 수 없는 높은 경지에 있는 것처럼 생각될 수도 있을 것이다. 그러나 얼마 전까지만 해도 여성은 비이성적이고 정치적인 판단을 할 능력이 없다는 생각이 지배적이었다.[6] 식민지의 비서양인들 역시 한때는 논의의 참여자로서 진지하게 받아들여지지 않았다. 예를 들면, 오스트레일리아 원주민은 재산권이 인정되지 않았는데, 그 이유는 재산에 대한 원주민들의 인식이 유럽 정착민의 법과 규정에 들어맞지 않았기 때문이다. 제7장에서는 마지막으로 정치에서 언어의 역할에 대해서 이야기할 것이다. 동물의 언어와 언어를 활용한 동물과의 소통을 생각하는 것은 새로운 공동체와 새로운 관계의 형성에 도움이 될지도 모른다. 그리고 우리 사회에서의 동물의 위치를 비판적인 시각으로 보는 데에도 보탬이 될 것이다.

우리가 언어에 대하여 언어로 글을 쓰거나 언어에 대하여 언어로 생각할 때, 그 언어는 언제나 우리에게 영향을 미친다. 바로 그런 점이 언어 연구를 복잡하게 만든다. 비트겐슈타인은 그것을 손가락으로 거미줄을 건드리는 것에 비유한다.[7] 언어의 형식은 똑같지 않은 것들을 같은 것들로 취급하기 때문에, 우리에게 오해를 불러일으킬 수 있다. "동물"이라는 단어를 예로 들어보자. 동물이라는 단어는 마치 어떤 경계선을 중심으로 한쪽에는 인간이 있고 반대쪽에는 다른 모든 동물들이 있는 것처럼 보이게 한다. 그러나 철학자 데리다의 주장처럼, 고릴라와 거미는 고릴라와 인간보다 공통점이 훨씬 더 적다.[8] 고대 이집트에는 각각의 종을 일컫는 이름들이 있었지만, 인간을 제외한 동물 전체를 가리키는 집합명사는 없었다.[9] 모든 동물들을 아우르는 단어가 있다는 사실로 인해서, 우리는 다른 동물 종과 인간 사이의 경계를 더욱 강하게 느낀다. 결국 이런 인식은 인간이 존재의 중심에 있다는 개념인 인간중심주의를 더욱 강화하는 효과를 낳는다.[10] 그리고 이는 동물에 대한 억압, 심지어 폭력으로도 이어질 수 있다.

말에는 힘이 있다. 우리의 문화 속에 스며 있는 생각들은 우리가 쓰는 단어에 투영되고, 영향을 미친다. 언어는 실재를 표현하고, 동시에 실재를 형성한다. 인간과 동물 사이의 연속성을 나타내기 위해서 동물철학자들은 종종 인간과 "다른 동물" 또는 인간과 비인간 동물이라는 표현을 쓴다.[11] 이 책에서는 2가지 표현을 모두 사용하고자 한다. 만약 이 책에서 다른 동물들을 그냥 "동물"이라고 표현한다면, 그것이 더 간결하고 무엇을 의미하는지 알기 때문이지, 인간이 동물이 아니라거나 특별한 종이라고 말하는 것이 아니다. 모든 종들은 그 나름의 방식으로 특별하다.

그러나 언어가 오해를 불러일으키기만 하는 것은 아니다. 언어는 서로 다른 세계를 잇는 다리가 될 수도 있다. 만약 우리가 동물에 관해서 더 많이 배운다면, 아마 우리는 그 동물과 더 성공적으로 소통할 수 있을 것이다. 어떤 인간은 동물에게 더욱 잘 대해주고 싶을 것이다. 우리는 언어를 사용하여 우리 자신과 세계를 이해하기 때문에, 언어에 관한 생각은 다른 동물과의 상호작용에서도 유망한 도구이다. 그들의 말을 더 잘 이해하고 그들을 바라보고 그들에게 더 귀를 기울임으로써, 우리는 그들의 세계와 그들이 경험한 것을 더욱 잘 들여다볼 수 있게 될 것이다. 우리가 말하고자 하는 바를 동물이 이해할 수 있는 방식으로 더욱 잘 설명함으로써, 우리는 함께 살아가는 새로운 세상을 만들 수 있다. 그렇다고 모든 인간과 모든 동물이 완전히 화합하는 세상이 되지는 않을 것이다. 그것은 인간이 다른 모든 인간과 조화롭게 사는 것이 불가능한 것과 같은 이치이다. 그러나 함께 살아가야 하는 문제와 관련된 어떤 실질적인 해결책을 찾거나, 인간이 지배하는 세상에서 새로운 관계를 모색하는 데에는 도움이 될 수도 있을 것이다.

동물의 언어에 대해서 글을 쓰는 사람은 더러 인간의 특성을 다른 동물들에 부여하여 동물을 의인화한다는 비난을 받기도 한다. 이는 인간의 시각을 동물에 투영하는 비과학적이고 바람직하지 못한 접근법으로 여겨진다. 물론 이런 의인화가 일어나기는 하지만, 그것은 우리가 다른 동물들의 생각이나 감정에 대해서 아무런 말도 할 수 없다거나, 어떤 동물의 특성을 연구할 때에 자동으로 그 동물을 인간화하는 것을 의미하지는 않는다. 우리가 비판적이면서 편견 없는 태도를 고수하기만 한다면, 기존의 개념은 다른 동물의 연구에 실제로 도움이 될 수도 있다. 또한 어느 정도의 의인화는 불가피하다. 인간인 우리는 자연스럽게 인간의 시각으로 사물을 본다. 우리는 공간 속의 어느 한 지점에서 모든 것들을 볼 수 있는 객관적 실재에 접근할 수 없다. 다른 동물에게 있는 인간의 특성을 부정하는 "의인화 부정"은 우리의 시야를 흐리게만 할 수도 있다.[12] 오랫동안 사람들은 동물과 아기가 고통을 느낄 수 있는지를 궁금해했다. 오늘날 그것을 부인하는 과학자들은 아주 드물지만, 그런 회의적인 태도는 많은 동물들에게 고통을 주는 결과를 가져왔다.

## 언어, 철학, 세계

언어는 우리가 사람에 관해서 어떻게 생각하는지에 중요한 역할을 한다. 전통적으로 서구에는 인간의 언어가 독특하다고 생각한 철학자들이 많다. 심지어 우리를 인간답게 만드는 근간이 언어라고 믿는 철학자들도 있다. 아리스토텔레스에게 언어 구사력은 선악을 구별하기 위한 필수 요소였고, 따라서 누가 정치공동체에 속할 수 있는지를 결정하는 요소가 되기도 했다.[13] 데카르트는 동물이 말을 할 수 없다는 사실에서 동물이 생각을 할 수 없다는 결론을 이끌어낼 수 있다고 믿었다.[14] 계몽주의 철학자인 칸트는 동물에게는 로고스logos, 즉 이성이 없으므로 도덕공동체에 속하지 않는다고 결론 내렸다.[15] 현상학자인 하이데거에게 언어는 이 세계에서 우리의 위치를 결정하는 대단히 중요한 요소였다. 따라서 언어가 없는 사람들은 죽을 수 없고, 그저 사라질 뿐이다.[16] 이 모든 철학자들이 정의한 언어는 인간의 언어였고, 다른 동물들은 자동으로 배제되었다. 그들은 언어를 사고 자체와 연결했고, 언어를 이성의 표현이라고 보았다.

이는 현대의 인간 사회와 정치에서도 여전히 중요한 문제이다. 비인간 동물은 인간의 언어로 말을 하지 않기 때문에, 인간은 동물들이 정치적으로 행동할 수 없다고 믿는다. 그리고 이런 믿음은 정치와 법체계에서 동물들이 차지하는 위치에 영향을 미친다. 우리가 동물을 이해하지 못하면, 우리는 그들의 의사소통이 무의미하다고 지레짐작하고 우리를 이해하지 못하는 동물을 멍청하다고 생각하게 될 것이다. 동물은 아무런 권리도 없다는 태도와 그들이 인간에게 무시를 당하는 모습이 당연해 보일 수도 있다. 인간 사회에서는 인간의 욕구와 요구가 우선시되기 때문이다. 문제는 인간이 많은 동물들의 생명을 크게 좌지우지한다는 점이다. 길들여진 동물은 인간과 함께 살면서 선택이나 진화의 자유를 대부분 잃었다. 반면 야생동물은 그들의 영역을 점령하거나 오염시킴으로써 그들에게 영향을 미치는 인간들을 상대해야 한다.

우리가 동물을 생각하는 방식은 우리가 동물을 대하는 방식과 연관이 있다. 동물에게는 영혼이 없다고 생각한 데카르트를 예로 들어보자. 그가 그런 결론을 내린 까닭은 동물에게는 지적 능력이 없다고 생각했기 때문이고, 동물에게 지적 능력이 없다고 생각한 까닭은 동물은 말을 할 수 없기 때문이다.[17] 그의 글에 따르면, 목소리로 의사소통을 할 수 없는 사람이라고 하더라도 인간은 어떤 식으로든 인간의 언어로 자신을 표현할 수 있다. 그러나 동물은 이런 방식으로 자신을 표현하는 것이 전혀 불가능하기 때문에, 그는 동물이 언어적인 면에서는 듣지도 말하지도 못하는 진정한 불능 상태에 있다고 보았다. 그는 까치를 예로 들면서, 동물은 특정 행동을 함으로써 보상을 받겠다는 욕구를 기반으로 말을 따라 하는 것이라고 생각했다. 데카르트는 육체를 순전히 기계적으로 작동하는, 이를테면 시계와 같은 것이라고 믿었다. 그러므로 영혼이 없고 육체만 있는 동물은 사실상 일종의 기계인 셈이다. 그런 이유에서, 그는 동물을 동물 기계라고 불렀다. 그리고 동물은 육체만 있을 뿐이기 때문에 어떤 고통도 겪지 않는다. 칼에 찔린 동물은 비명을 지를지도 모르지만, 이것은 고통의 표현이 아니라 순전히 기계적인 반응이다. 데카르트는 육체가 어떻게 작동하는지에 관심을 보였고 생체 해부를 옹호했다. 그리고 그로부터 시작된 동물실험은 오늘날까지도 계속 이어지고 있다.

다른 동물들이 언어를 가지고 있는지 아닌지를 결정하는 것은 경험적 연구의 문제인 것처럼 보일지도 모른다. 그러나 이런 조사에서 나온 정보는 항상 해석을 해야만 한다. 연구할 문제에서 다른 동물들이 내놓을 수 있는 답은 이미 결정되어 있고, 사회적 편견은 이 문제들을 왜곡시킨다.

철학은 사물이 실제로 어떻게 작용하는지를 조사하는 도구가 될 수 있다. 어떤 면에서 이것은 비판적인 계획이다. 많은 사람들이 믿는다고 해서, 기존의 판단과 의견이 자동으로 사실이 되는 것은 아니기 때문이다. 또한 어떤 면에서는 실험적이기도 하다. 사고는 경험을 통해서 얻은 것들을 새로운 관점으로 보게 함으로써 세상을 이해하는 방식을 변화시킬 수 있다. 비트겐슈타인은 우리가 실재를 다른 눈으로 보게 하는 것이 철학의 과제라고 말한다. 언어와 동물에 관한 사고는 우리가 동물과 언어를 다르게 볼 수 있도록 하는 데에 도움이 될 것이다.

나는 이 책에서 생물학과 동물행동학의 경험적 연구, 동물에 초점을 맞춘 새로운 동물 연구와 동물지리학 같은 학문 분야에서 얻은 이해, 그외 철학의 다른 분야에서 얻은 다양한 종류의 통찰을 활용할 것이다. 나의 출발점은 동물에게 언어가 있다는 생각이다. 오랜 믿음과는 상반되는 이런 생각은 내가 취하고 있는 이론적 관점의 토대를 이룬다. 나는 인간과 동물에 관한 기존의 생각을 비판하는 연구를 다루고, 동물과 관련된 서양철학의 전통적인 태도를 재해석할 것이다. 그리고 동물과 의사소통이 가능하며, 동물의 언어가 연구할 가치가 있다는 생각에 근거한 다른 문헌에 관해서 논의할 것이다. 동물이 스스로를 표현하는 방식이 우리와 다르다는 사실은 그들이 내는 소리가 무의미하다는 뜻이 아니다. 다른 종에 속한다는 이유로 그것을 진지하게 받아들이기를 거부하는 것은 원칙적으로 보면 차별의 한 형태인 종차별주의의 표출이다. 이를테면 돌고래는 사회성 동물이고, 서로 빈번하게 의사소통을 하는 것으로 알려져 있다. 그들의 언어는 우리가 이해하기에 어렵기 때문에, 현재는 돌고래가 내는 높은 주파수의 소리를 기록하고 해석하기 위한 신기술이 도입되고 있다. 언젠가 돌고래의 말을 정확하게 이해할 날이 올지 누가 알겠는가? 그러나 그들의 의사소통 방식이 우리의 방식보다 의미가 없다거나 덜 복잡하다고 미리 결론짓는 것은 오만일 뿐만 아니라 과학적이지도 않다.

언어를 연구할 때에는 널리 퍼져 있는 편견들을 조사해야 하고, 필요하면 그런 편견을 조정해야 한다. 주어지는 질문에 따라서 동물이 내놓을 수 있는 답은 달라진다. 만약 동물에게는 언어가 없고 의미 있는 의사소통을 할 수 없다고 가정하고 연구를 진행한다면, 그 연구는 십중팔구 정확히 그것을 증명하게 될 것이다. 그러나 동물들도 의사소통을 하고 어쩌면 그 방식이 복잡할지도 모른다고 가정한다면, 질문의 내용이 달라질 것이다. 언어를 연구할 때에는 동물들끼리 서로 어떻게 의사소통하는지를 알아내는 것도 중요하지만, 동물이 우리와 어떻게 의사소통을 하는지를 조사하는 것도 중요하다. 철학에서 발전된 개념과 사상들은 기존의 의사소통을 더 뚜렷하게 만들어주고, 스스로를 더 깊이 돌아보는 이들에게 영감을 주는 도구가 될 수 있을 것이다.

# 인간의 언어로 말하기

앵무새가 인간의 단어를 배울 수 있다는 사실은 잘 알려져 있다. 앵무새는 종종 인간의 말을 따라 하기 때문에, 우리는 다른 사람의 말을 흉내 내는 사람을 보고 "앵무새"라고 하기도 한다. 몇 년 전, 네덜란드 신문 「NRC 한델스블라트(*NRC Handelsblad*)」의 뒷면에는 기침을 심하게 하는 앵무새를 진료한 어느 수의사의 이야기가 실렸다. 수의사는 앵무새를 진찰하고 아무 이상이 없다는 것을 발견했지만, 관찰을 위해서 하룻밤 동안 앵무새를 데리고 있기로 했다. 다음 날 앵무새의 반려인이 앵무새를 데리러 왔을 때, 그는 안으로 들어오기 전에 먼저 밖에서 담배를 피웠다. 그 앵무새는 반려인이 담배를 피울 때에 내는 기침 소리를 완벽하게 흉내 내고 있었다.[1]

앵무새는 신체 구조 덕분에 인간의 말을 따라 할 수 있는 몇 안 되는 생물 종 중의 하나이지만, 앵무새의 언어 능력은 모방에 지나지 않는다고 추측되어왔다. 우리는 앵무새에게 "안녕"이라고 말하며 인사를 하도록 가르칠 수 있지만, 그 정도가 끝이었다. 1978년, 심리학자인 아이린 페퍼버그는 회색앵무 알렉스와 함께 실험 하나를 시작했다.[2] 페퍼버그는 앵무새가 언어를 배울 수 있는지를 조사하고 싶었고, 새들 사이의 의사소통 방식을 바탕으로 가설을 세웠다. 앵무새의 언어 학습은 행동과 강하게 연관되어 있다. 페퍼버그는 알렉스가 받을 보상을 알렉스 스스로 결정하게 하는 방식을 통해서 그에게 단어를 가르쳤고, 그 단어들은 항상 알렉스가 사용하는 것과 연관이 있었다. 그래서 알렉스는 단어를 배움으로써 주변을 더욱 잘 통제하게 되었다. 알렉스는 보상으로 어떤 간식을 받고 싶은지, 언제 쉬고 싶은지, 언제 밖에 나가고 싶은지를 표현할 수 있게 되었다. 페퍼버그는 이것을 활용하여 알렉스에게 새로운 단어를 가르쳤고, 이를 통해서 알렉스의 생각을 들여다보았다.

이런 방법으로 알렉스는 약 150개의 어휘를 익혔고, 50가지 사물을 알아볼 수 있게 되었다. 알렉스는 그 사물에 대한 질문을 이해하고 대답을 할 수 있었다. 이 앵무새는 사물의 색깔과 모양, 소재, 기능을 알아보는 방법을 배웠다. 이를테면, 알렉스는 열쇠의 용도가 무엇인지를 알았다. 모양이 달라도 새로운 열쇠는 열쇠로 인식했다. 또한 "같다", "다르다", "더 크다", "더 작다", "그렇다", "아니다"와 같은 개념을 이해하는 것으로 드러났다. 알렉스는 지루할 때면 일부러 엉뚱한 대답을 하기도 했다. 한번은 페퍼버그가 3번 블록의 색깔을 묻자, 알렉스는 "5"라고 대답했다. 전에도 그녀가 이 질문을 했을 때, 그렇게 답한 적이 있었다. 알렉스가 같은 답을 되풀이하자, 결국 페퍼버그는 5번

블록의 색깔을 물어보았다. 알렉스는 "없다"고 말했다. 알렉스는 숫자를 셀 수 있었고, "0"의 개념을 이해했다. 또한 문장구조를 어떻게 활용하는지, 단어를 어떻게 결합할 수 있는지를 알았다. 페퍼버그와 그녀의 조수가 실수를 하면 알렉스가 그것을 바로잡기도 했다. 알렉스는 혼자 있을 때, 때때로 단어를 연습했다. 한번은 알렉스가 페퍼버그에게 자신은 무슨 색인지 물었다. 그것은 앵무새로서는 제법 실존적인 질문이었다.

조류학자인 조안나 버거는 한 앵무새와 맺은 조금 색다른 관계를 묘사했다.[3] 버거는 서른 살의 앵무새 티코를 입양했는데, 티코는 부정적이고 까탈스러우며 때로는 적대적이었지만 매우 사랑스러운 앵무새로 변화했다. 티코는 버거를 애인으로 여기고 짝짓기 철에 그녀에게 구애를 했고, 버거의 남편이 그녀에게 너무 가까이 다가가면 그와 싸움을 벌이기도 했다. 티코의 이전 반려인들은 티코에게 말을 가르치지 않았고, 버거 역시 말을 가르치려고 시도하지 않았다. 그럼에도 불구하고 아주 많은 의사소통을 했고, 일부 의사소통에는 말이 곁들여지기도 했다. 그리고 티코는 그 중에서 많은 말들을 알아들었다. 버거가 일을 하러 간다고 알리면, 시간대가 달라도 티코는 매번 자신의 방으로 가고는 했다. 또한 "안녕"과 "잘했어" 같은 앵무새가 일반적으로 사용하는 어휘도 구사했다. 버거의 남편인 마이크에게

질투심을 느끼지 않을 때는 마이크와 함께 휘파람을 부는 것도 좋아했다. 마이크가 기타를 칠 때, 그리고 자신이 무엇인가를 망가뜨리거나 훔쳐서 마이크가 화가 났다는 생각이 들 때, 티코는 휘파람을 불었다. 티코는 자신이 휘파람을 불면 마이크의 화가 풀리고 기분이 좋아진다는 것을 알고 있었다. 티코는 여러 종류의 뜻 모를 소리를 냈는데, 그 소리들은 저마다 다른 기분을 나타냈다. 버거가 전화를 할 때면 티코는 큰소리를 내며 함께 통화하는 것을 좋아했다.

인류학자인 콘라트 로렌츠도 스스로 단어를 익히는 앵무새에 관해서 썼다.[4] 그의 관찰에 따르면, 앵무새는 인간의 습관과 행동을 잘 헤아려서 적절한 순간에 "좋은 아침"이라고 말할 줄 알 뿐만 아니라, 어떤 사건에 충격을 받으면 자연스럽게 특정한 소리를 낼 수도 있었다. 로렌츠는 이런 사례를 아마존앵무인 파파갈로의 일화를 통해서 묘사한다. 새들은 머리 위로 무엇인가가 다가오면, 맹금류를 떠올리고 두려워하는 경우가 많다. 굴뚝 청소부를 처음 보았을 때, 파파갈로는 겁에 질렸다. 몇 달이 지난 후, 굴뚝 청소부가 오고 있는 것을 본 파파갈로는 "굴뚝 청소부가 온다, 굴뚝 청소부가 온다" 하고 소리쳤다. 이전의 방문이 너무나 인상적이었기 때문에, 아마도 파파갈로는 요리사의 입에서 나온 "굴뚝 청소부"라는 말을 듣고 그 단어를 기억했을 것이다.

앵무새에서 모방, 즉 다른 종을 흉내 내는 것은 단순히 단어의 사용에만 국한되지 않는다. 버거의 묘사에 따르면, 앵무새는 사람들이 집을 나설 때에 코트를 입는 듯한 행동을 하거나 인사를 하는 것처럼 발을 흔들기도 한다. 어떤 앵무새는 대화에서 적절한 순간에 고개를 끄덕이거나 가로젓는다. 버거에 따르면, 야생 앵무새도 모방을 한다. 두 마리의 야생 회색앵무에 대한 기록에는 200가지가 넘는 모방 유형이 드러나는데, 그 가운데 23가지는 다른 새들을 흉내 낸 것이며, 그중에는 박쥐를 모방한 것도 하나 있었다. 야생에서 무엇인가를 훔치거나 공격을 받지 않기 위해서 다른 새들을 속이고 싶다면, 이런 모방은 유용한 재주가 될 것이다.

사회심리학에서도 모방은 사람들끼리 무의식적으로 서로를 흉내 내는 현상을 뜻한다. 인간은 자연스럽게 웃음, 하품, 다리 꼬기, 턱 괴기 같은 행동과 자세를 모방하고, 이런 것들은 모두 전염이 된다. 인간은 종종 거울을 비춘 것처럼 무의식적으로 다른 사람을 따라 하고, 지적을 받는 순간 그런 행동을 멈춘다.[5] 모방은 유대감이 있거나 같은 집단에 속해 있는 사람들 사이에서 더 자주 일어난다. 또한 모방을 하는 사람들은 서로를 더 잘 이해하고 더 잘 공감하기 때문에, 모방은 그들이 더욱 단단하게 결속하도록 만들어줄 수도 있다.[6] 거울 뉴런mirror neuron은 원숭이에게서 처음 발견되었다. 거울 뉴런은 원숭이가 어떤 동작을 할 때에 뇌에서 활성화되는 신경세포인데, 똑같은 동작을 하는 다른 원숭이를 보고 있을 때에도 활성화된다. 인간에게는 다른 사람의 어떤 행동을 관찰할 때, 자신이 어떤 행동을 할 때, 어떤 행동에 대한 생각을 할 때에 공통적으로 활성화되는 뇌의 영역이 있다.[7]

인간과 마찬가지로, 알렉스와 티코도 맥락에 따라서 모방의 기능을 다르게 적용할 수 있다. 적을 마주쳤을 때에는 모방이 일종의 자기방어가 될 수 있다. 버거가 묘사했듯이, 동물의 모방이 그들이 알고 있는 인간과 관련해서 일어난다면 그 모방은 인간들 사이에서 일어나는 모방과 같은 방식으로 작용할 수도 있다. 다시 말하면, 다른 사람과 더 잘 지내거나 그들에게 친밀함을 표현하기 위한 방법이라는 것이다. 페퍼버그와 버거는 앵무새가 자신들끼리, 그리고 인간과의 관계에서 언어를 발달시킬 수 있다는 것을 보여주었다. 그 언어는 인간의 언어와는 다르지만, 그럼에도 불구하고 한 인간과 한 앵무새 사이에서 의미를 전달할 수 있다. 페퍼버그의 주장은 알렉스가 영어를 할 수 있다는 것이 아니다. 단지 단어와 개념을 활용할 줄 알고, 이를 통해서 이해력과 지능을 보여준다는 것이다. 페퍼버그는 이런 차이를 강조함으로써 앵무새의 단어 사용 방식이 인간과의 관계보다는 의미와 더 강하게 연결되어 있을지도 모른다는 것을 보여준다. 많은 동물 연구자들과 일반인들은 오랫동안 앵무새가 오로지 본능에 의해서만 행동한다고 생각해왔지만, 페퍼버그의 체계적인 연구는 그런 생각의 근간을 흔들고 있다.

모두가 알고 있는 것처럼 개와 함께 살다 보면 얼마 후에는 개와 인간이 서로 닮기 시작할 수 있다. 얼굴과 몸의 형태가 매우 다름에도 불구하고, 인간과 개가 서로의 표정과 신체 언어를 무의식적으로 흉내 내면서 비슷해 보이는 현상도 어쩌면 모방으로 설명될 수 있을지도 모른다.

## 인간의 아이로 길러진 침팬지

1920년대가 되자 인간은 언어 연구에 관심을 가지게 되었고, 언어의 발달을 연구하기 위해서 비인간 영장류의 도움을 받았다. 인간과 다른 영장류는 유전적으로 매우 가까웠고, 인간은 인간의 말하기 능력이 기본적으로 본성의 문제인지 문화의 문제인지를 궁금해했다. 이를 알아보기 위한 시도로, 새로운 종류의 실험이 고안되었다. 침팬지를 사람의 집에 데려가서 인간의 아이로 기르는 실험이었는데, 대개는 결혼한 동물 연구자 부부에 의해서 수행되었다. 구아는 이런 방식으로 길러진 첫 번째 침팬지이다. 1930년에 루엘라와 윈스럽 켈로그 부부의 집에 왔을 당시 생후 7.5개월이었던 구아는 켈로그 부부의 10개월 된 아들 도널드와 같은 방식으로 양육되었다. 구아는 음성 언어를 배우지 않았다.[8] 1944년에 키스와 캐서린 헤이스 부부가 데려간 비키는 학습으로 4개의 단어를 말할 수 있었는데, 그중 어느 정도는 아래턱을 움직이는 방법을 포함하여 집중적인 언어 치료를 받은 결과였다.[9] 이 두 실험은 거의 성공을 거두지 못했기 때문에, 처음에는 다른 영장류는 언어를 배울 수 있을 정도의 지능이 없다고 간주되었다. 나중에는 침팬지의 후두가 인간과 다르기 때문에 단어를 명확하게 발음할 수 없다고 믿었다. 그래서 새로운 실험에서는 수어手語에 초점을 맞추었다.

워슈는 인간과 함께 자란 침팬지 중에서 가장 유명한 침팬지이다. 워슈는 야생에서 태어났고, 미 공군은 우주 실험을 위해서 워슈를 그녀의 부모에게서 빼앗아왔다. 앨런과 베아트릭스 가드너 부부는 네바다 대학교에서 수행한 실험을 위해서 워슈를 집으로 데려왔다. 그들은 워슈를 자식처럼 키웠다. 옷을 입히고, 같은 식탁에서 식사를 하고, 차에 태워 데리고 다니고, 밖에서 놀았다. 워슈에게는 장난감과 책과 자신의 칫솔이 있었다. 수어 배우기는 성공을 거두었다. 워슈는 가르친 것을 확실히 배웠을 뿐만 아니라, 인간들끼리 하는 동작을 보고 혼자서 습득하기도 했다. 게다가 스스로 단어를 만들어냈다. (이를테면 물과 새를 나타내는 동작을 결합하여 백조라는 단어를 만들었다.) 워슈는 "개"를 뜻하는 수어가 모든 개를 집합적으로 나타낼 수도 있다는 것을 이해했고, 간단한 문장을 만들 수도 있었다.[10] 워슈가 다섯 살이 되자, 가드너 부부는 실험을 충분히 했다고 판단했고, 워슈는 한 연구소로 옮겨져서 죽을 때까지 그곳에서 살았다.

그 연구소에서는 워슈의 언어 능력에 대한 후속 연구가 이루어졌고, 워슈는 약 250개의 표현을 배웠다. 연구원들은 워슈가 무슨 생각을 하고 무엇을 느끼는지에 관해서도 알게 되었다. 워슈는 거울에 비친 자신을 알아보았고, 다른 침팬지들을 만났을 때에는 크게 놀랐다. 새로운 학생들이 연구를 하기 위해서 오면, 워슈는 그들이 이해하기 쉽도록 일부러 더 천천히 수어를 했다. 워슈의 사육사 가운데 한 사람이 임신을 하고 몇 주일 동안 모습을 보이지 않다가 돌아오자, 워슈는 그녀를 외면하면서 화를 냈다. 사육사는 워슈에게 무슨 일이 있었는지를 이야기해주기로 결심했고, 수어로 자신의 아기가 죽었다고 말했다. 처음에는 눈길을 피하던 워슈는 사육사를 바라보면서 조심스럽게 울음을 나타내는 수어를 했다. 침팬지는 울지 않지만, 워슈는 인간이 슬플 때에 그렇게 한다는 것을 알고 있었다. 훗날 사육사는 이 단순한 동작이 워슈가 인위적으로 만들 수 있는 그 어떤 문장들보다도 워슈의 내면 세계를 더 많이 보여주었다고 말했다.

님 침프스키라는 다른 침팬지도 인간의 손에 길러졌지만, 님은 워슈보다 훨씬 적은 수의 수어 표현을 배웠다.[11] 이 실험을 이끈 허버트 테라스는 워슈의 언어 능력에 관한 연구가 틀렸다는 것을 입증하고 싶어했다. 그는 7명의 인간 아이들이 있는 위탁 가정에서 님을 자라게 했는데, 그곳은 님이 무엇인가를 배우기 어려운 환경이었다. 사춘기가 된 님은 주위 사람들을 물어뜯는 사고를 여러 차례 저질렀고, 결국 테라스는 님을 연구실로 데려가서 실험을 계속했다. 님은 125개의 수어 표현을 배웠다. 그러나 님은 조작적 조건 형성operant conditioning(특정 행동을 할 때 보상이나 처벌을 통해서 그 행동을 하거나 하지 않게 만드는 형태의 학습/옮긴이)을 통해서 그 표현들을 익혔기 때문에, 그것이 언어 능력의 표출인지에 대해서 의문이 제기되었다. 다시 말하면, 님이 수어를 한 것이 무엇인가를 이해했기 때문이 아니라, 올바른 수어를 구사하면 보상을 받았기 때문이라는 주장이었다. 테라스는 님이 자신이 무엇을 하고 있는지를 이해하지 못한다고 주장했고, 그것이 당연히 그의 연구 의도였다. 연구가 끝나자 님은 어느 제약회사의 실험실로 옮겨져서 실험에 이용되었다. 마침내 쉼터로 옮겨진 님은 스물여섯 살의 나이로 그곳에서 숨을 거두었다.

다른 침팬지들은 일반적인 가정환경이 아닌 곳에서 연

구에 참여했다. 1967년, 사라와 다른 세 마리의 침팬지는 실험실에서 기호를 분석하고 의미 있는 순서로 배열하는 방법을 배우기 시작했다.[12] 침팬지들은 기호들이 있는 판을 이용하여 약간의 문법과 간단한 문장을 배웠다. 사라는 20년 동안 연구되었으며, 연구된 침팬지들 중에서 가장 유명한 침팬지 가운데 하나이다. 다른 유명한 침팬지로는 커밋, 대럴, 바비, 시바, 킬리, 아이비, 하퍼, 엠마가 있다. 그들 중의 다수는 현재 침프 헤이븐에 살고 있는데, 이곳은 미국에 남아 있는 모든 실험실 침팬지들이 평온하게 살 수 있도록 하기 위해서 마련된 쉼터이다.

## 코코와 칸지

침팬지와 함께 다른 영장류의 언어 능력에 관해서도 연구가 진행되었다. 고릴라인 코코는 1971년에 샌프란시스코 동물원에서 태어났다. 프랜신 패터슨은 코코를 주제로 한 고릴라의 언어에 관한 논문으로 박사학위를 받았고, 그의 연구는 코코가 죽을 때까지 이어졌다.[13] 코코가 유명한 까닭은 고양이 친구가 있었기 때문이다. (꼬리가 없다고 해서 코코는 그 고양이를 "올볼all ball"이라고 불렀다.) 코코는 패터슨에게 배운 수어 표현을 1,000개 넘게 알고 있었고(고릴라 수어는 인간의 수어와 비슷하지만, 고릴라의 손 모양은 인간과 다르기 때문에 수어 역시 조금 다르다), 인간의 구어도 2,000단어 넘게 이해하고 있었다. 코코는 농담을 잘 했고 기억력도 좋았다. 코코는 수어를 통해서 자신이 기억하고 있는 바를 전달할 수 있었고, 인간은 이를 통해서 고릴라가 세상을 경험하는 방식을 엿볼 수 있었다. 한동안 코코는 600개 정도의 수어 표현을 알고 있는 수컷 고릴라 마이클과 함께 살았는데, 그 수어 중의 일부는 코코가 가르쳐 준 표현이었다. 마이클은 수어를 이용해서 사물을 묘사했을 뿐만 아니라, 자신의 감정과 꿈과 기억에 관한 이야기를 했고 심지어 거짓말까지도 했다. 마이클이 전한 이야기 중에는 그가 아주 어렸을 때, 카메룬에서 밀렵꾼들에게 자신의 어머니가 살해당한 기억에 관한 것도 있었다.[14] 마이클은 그림 그리기도 좋아했다.[15]

보노보인 칸지는 코코의 비디오를 보면서 수어를 배웠다. 칸지의 조련사는 어느 날 갑자기 칸지가 한 인류학자와 수어로 의사소통을 하는 모습을 보고, 칸지가 수어를 할 수 있다는 것을 알았다. 칸지는 보노보가 인간이나 보노보뿐만 아니라 다른 영장류를 보면서도 언어를 배울 수 있다는 것을 보여주었다. 칸지는 이미 여키스어Yerkish 문자판에 있는 그림문자를 이용하는 법을 배웠다. 여키스어는 침팬지나 보노보와 의사소통을 할 때에 주로 쓰이는 영장류를 위한 인공 언어인데, 칸지는 그를 입양한 마타타의 수업을 보면서 그 그림문자들을 배웠다. 칸지는 210개의 그림문자를 알고 있으며, 헤드폰을 통해서 단어를 말하는 소리가 들리면 그에 맞는 올바른 버튼을 누른다. 칸지는 오믈렛 만들기를 좋아하고, 팩맨 게임을 할 수 있고, 도구를 만드는 재주가 있다. 예를 들면, 칸지는 돌로 날카로운 칼을 만들 수 있다.[16]

칸지는 그림문자를 사용하면서 소리를 낸다. 보노보는 소리 내어 단어를 말할 수는 없지만, 칸지는 그렇게 하려는 것처럼 보인다. 워슈와 님의 사례와 마찬가지로, 칸지와 코코를 기르는 사람들도 이 동물들이 실제로 언어를 사용하고 있는지, 아니면 단순히 단어를 반복하고 있는지를 궁금해한다. 페퍼버그는 앵무새가 의미를 창조하는 것이 어떻게 가능한지를 알아보기 위해서 앵무새와 교감한 반면, 이 연구는 인간의 언어를 가르치는 데에 초점이 강하게 맞춰졌다. 패터슨은 자신과 코코가 서로를 이해했다고 확신하고 있으며, 그녀가 만들고 있는 기호를 코코가 스스로 이해한다고 말한다. 패터슨과 코코의 영상을 보면, 둘 사이의 유대가 매우 깊다는 것을 알 수 있다.

동물 훈련사이자 철학자인 비키 헌의 글에 따르면, 인간과 다른 동물들 사이의 상호 이해는 일하는 관계에서 가능하다.[17] 개와 인간은 각자 다른 방식으로 세상을 경험한다. 개들에게는 냄새가 중요한 반면, 우리는 시각에 더 의존한다. 그러나 인간과 개가 함께 일할 때에는 말과 몸짓을 통해서 의미를 전달함으로써 의사소통과 이해가 가능하다. 개에 비하여 생리학적으로 인간과 더 비슷해 보이는 다른 영장류와 인간은 의사소통과 이해가 더욱 잘 이루어질 것 같은 느낌이 든다. 그러나 이런 의사소통에서 인간의 말이 지닌 가능성과 당위성에 대해서는 논란의 여지가 있다. 보노보인 칸지는 많은 단어들을 알고, 인공 언어artificial language를 사용하여 주위 사람들에게 자신이 원하는 것을 알릴 수 있다. 칸지와 의사소통을 하는 인간들은 같은 인공 언어를 사용한다. 개나 말과의 의사소통에 관해서 설명하면서, 헌은 다른 동물과의 의사소통에서는 몸짓, 자세, 눈맞춤, 손길, 그외 다른 물리적인 형태의 상호작용이 인간의 말보다 더 중요하다고 지적한다. 맥락도 중요하다. 동종의 동물 없이, 실험실의 작은 우리에 혼자 사는 지적이고 예민한 동물은 정상적인 사회 환경에 있는 동물과는 다른 반응을 보일 가능성이 높다. 그리고 이런 인위적인 환경은 미심쩍은 인간에게 반응하는 방식에도 영향을 미친다. 말, 몸짓, 그리고 다른 형태의 의사소통 방식은 그들이 속한 사회적 맥락에서 의미를 얻는다. 영장류의 언어 능력에 대해서 생각할 때, 우리는 질문에 대한 그들의 대답뿐만 아니라 질문 자체도 살펴볼 필요가 있다.

워슈, 님, 사라, 그리고 다른 영장류에 대한 연구는 우선적으로 인간 언어의 기원에 대한 연구였고, 다른 영장류에게도 언어가 존재하는지에 대한 연구였다. 이런 연구의 이면에는 인간은 영장류 중에서도 엄청나게 진화된 종으로 창조의 정점에 있으며, 다른 영장류를 통해서 인류의 역사를 꿰뚫어볼 수 있는 통찰을 얻을 수 있다는 생각이 자리하고 있다. 그러나 이런 관점은 진화적으로 옳지 않다. 인간과 다른 영장류는 공통의 조상으로부터 내려왔으며, 인간은 현존하는 다른 영장류의 후손이 아니다. 다른 영장류에 대한 생각에도 문제가 있다. 다른 영장류는 인간이 되는 데에 실패한 동물이 아니다. 그들은 고유의 능력을 가진 존재들이다. 인간과 다른 영장류는 많은 면에서 비슷하고, 어떤 면에서는 다르다. 그 유사점과 차이점이 무엇인지를 알고 싶다면, 다른 영장류가 세상을 보는 시각에 기반을 둔 연구를 개발해야 한다.

이제 과학자들은 인간이 아닌 영장류가 후두의 모양 때문에 단어를 발음할 수 없다는 이야기는 사실이 아니라고 믿는다.[18] 우리는 다른 영장류가 말을 하지 않는 이유를 정확히 알지 못한다. 그러나 뇌의 작은 영역 하나가 그런 능력과 연관이 있는 것으로 지목되었고, 그 능력은 유전적으로 결정되는 것으로 보인다. 마찬가지로, 다른 영장류는 인간의 말을 하지 못하기 때문에 복잡한 의사소통을 할 수 없다는 이야기도 사실이 아니다. 인간과 마찬가지로, 침팬지들 사이에서도 수많은 몸짓들과 소리를 이용한 의사소통이 이루어진다. 2015년에는, 침팬지들 사이에서 사용되는 66가지 소리와 88가지 몸짓이 기록되었다. 연구자들은 이 정보를 모아서 사전을 만들었다.[19] 예를 들면, 다른 침팬지를 톡톡 치는 것은 "멈춰"라는 뜻이다. 손을 한쪽으로 쑥 뻗는 것은 "저리 가"라는 뜻이고, 한쪽 팔을 들어올리는 것은 "그것을 내게 줘"라는 뜻이다. 나뭇잎을 조금씩 물어뜯는 것은 추파를 던지는 것이다. 힘껏 껴안는 것과 세게 긁는 것은 어딘가로 가자는 권유이다. 한 물체를 다른 물체에 부딪치는 것은 가까이 오라는 의미이다. 다른 몸짓은 저마다 다른 의미를 가질 수 있지만, 그 안에는 인간이 눈치 채지 못하는 미묘한 차이가 있을 수도 있다. 침팬지들은 사람들에게 먹을 것이 있는 곳으로 가는 길을 알려주기 위해서 몸짓을 이용할 수도 있다.[20]

때로는 침팬지 집단 내에서 유행이 돌기도 한다. 짐바브웨의 한 보호 구역에 있는 침팬지들 사이에서는 풀잎을 귀에 꽂는 행동이 크게 성행했다. 네덜란드 네이메헌에 위치한 막스 플랑크 언어심리학 연구소의 영장류학자들은 2010년부터 이 현상을 연구하고 있다. 침팬지 줄리가 귀에 풀잎을 꽂기 시작한 시기는 2007년으로 거슬러올라간다. 다른 침팬지들은 줄리를 따라 하기 시작했는데, 특히 줄리의 주변에서 시간을 많이 보내는 침팬지일수록 그녀를 더 많이 흉내 냈다. 이는 침팬지들 사이의 패션으로는 최초로 알려진 사례라고 할 수 있는데, 풀잎을 귀에 꽂는 행위는 목적이 딱히 없고 순수하게 장식만을 위해서 한 것이기 때문이다. 2013년에 줄리가 죽자, 풀잎을 꽂는 유행은 조금 시들해졌다. 그러나 일부 침팬지들은 계속해서 풀잎을 꽂고 다녔다.[21] 침팬지들에게는 막대를 사용하여 흰개미를 잡는 방법과 같은 다른 전통도 있다. 또한 침팬지는 돌로 도구를 만들기도 하는데, 이는 침팬지가 석기시대로 접어들었다는 것을 의미한다.

## 돌고래와 고래

1960년대 초, 신경과학자인 존 릴리는 카리브 해의 세인트토머스 섬에 돌고래의 언어를 연구하기 위한 연구소를 세웠다.[22] 돌고래는 숨구멍을 통해서 사람처럼 소리를 낼 수 있다. 마거릿 로바트라는 젊은 여성은 돌고래에 관심이 있었는데, 전문적인 과학 교육을 받지는 않았다. 그녀는 돌고래와 친밀한 관계를 유지하며 오랜 시간 훈련하면 돌고래가 말을 배울 수 있는지를 연구하고 싶었다. 그래서 1965년에 그녀는 돌고래 수조 안에 있는 집에서 어린 돌고래 피터와 함께 생활했다. 피터는 이 연구소의 수족관에 있는 돌고래 세 마리 가운데 한 마리였다. 그녀는 하루에 두 번씩 피터에게 말을 가르쳤다. 피터는 열심히 배웠다. 마거릿이라는 이름을 발음하는 것이 어려웠던 피터는 물속에서 "M" 소리를 내려고 애썼지만, 물속에서는 공기 방울만 보글거릴 뿐이었다. 그러나 로바트는 피터의 생각을 가장 잘 들여다볼 수 있는 방법은 말하기 훈련이 아니라는 것을 곧 깨달았다. 그녀는 피터와 단지 헤엄치며 놀면서 피터에 대해서 더 많은 것들을 배웠다. 이를테면 피터는 그녀의 해부학적 형태에 아주 큰 관심을 보였다. 한참 동안 그녀의 팔다리를 응시하며 그것들이 어떻게 움직이는지 이해하려고 애쓰는 것 같았다.

연구는 6개월 동안 지속되었다. 그 기간 동안 릴리는 돌고래에게 강력한 환각제인 LSD를 실험하기 시작했다. 결과적으로 약물 실험 때문에, 그리고 피터와 로바트 사이의 성적 행위를 둘러싼 대중의 관심 때문에 자금 지원이 중단되었다. 청소년기의 수컷인 피터는 종종 성적 흥분을 일으켰고, 그런 상태는 훈련에 방해가 되었다. 로바트는 처음에 피터를 암컷 돌고래와 함께 다른 돌고래 수조로 보냈다. (피터는 일종의 승강기에 실려서 올라갔다.) 그러나 얼마 후부터 로바트는 피터를 올려 보내는 대신, 자신의 손을 이용하기 시작했다. 그것이 더 빨랐고, 로바트는 그렇게 하는 것이 거슬리지 않았다. 그러나 이 이야기가 퍼져나갔고 결국에는 「허슬러(*Hustler*)」에 기사가 보도되었다. 로바트는 보도된 내용들에 오해의 소지가 있다고 말했지만, 피해는 이미 발생한 후였다. 돌고래들은 더 작은 연구소로 옮겨졌다. 그곳은 햇빛도 들지 않았고 로바트도 없었다. 몇 주일 후, 로바트는 릴리로부터 전화를 받았다. 릴리는 피터가 자살했다는 소식을 전했다. 돌고래는 인간과 달리 의도적으로 숨을 쉰다. 숨을 쉬고 싶을 때마다 수면으로 올라와야 한다. 삶을 견딜 수 없게 되면, 돌고래는 마지막 숨을 들이쉰 다음 바닥으로 내려가서 그곳에 그대로 머문다.[23] 릴리는 돌고래와의 의사소통에 대한 연구를 계속했다. 그는 음악 같은 것을 이용하여 과학적인 방법으로 연구를 했지만, 텔레파시 같은 더 신비한 방식을 쓰기도 했다. 돌고래와의 교신을 통해서, 갇혀 있는 것이 돌고래에게 해롭다는 사실을 알게 된 릴리는 훗날 동물권 옹호론자가 되었다.[24]

그 이후로 돌고래의 언어에 대하여 더 많은 것들이 알려졌고, 돌고래의 언어는 매우 복잡하다고 간주되었다. 돌고래가 내는 소리 중에는 우리의 청각 범위를 벗어나는 것이 많고, 그 소리를 녹음할 수 있는 장비가 오랫동안 존재하지 않았기 때문에, 우리는 돌고래의 언어가 얼마나 복잡한지 정확히 알지 못했다. 데니즈 허징은 돌고래의 언어를 인간의 언어로, 그리고 인간의 언어를 돌고래의 언어로 번역하는 디지털 기술을 개발하는 연구를 하고 있다.[25] 2013년, 그녀는 처음으로 돌고래의 말을 번역하는 데에 성공했다.

이 번역 장치로 번역한 첫 단어는 해초의 일종인 "모자반"이었다. 돌고래의 언어에 대한 초기 연구는 내가 앞에서 논의했던 영장류 연구처럼, 돌고래에게 기호와 단어의 의미를 가르치는 방식으로 진행되었다. 돌고래들은 문장 속 단어들의 순서가 바뀔 때마다 의미가 조금씩 달라진다는 것을 배웠고, 인간의 몸짓과 자세를 이해하는 방법을 배웠다. 돌고래의 언어를 번역해주는 장치 덕분에 인간은 돌고래와 더 광범위하게 의사소통을 할 수 있는 기회를 얻었고, 이 장치는 돌고래의 행동에 대한 다른 연구에도 이용되고 있다. 그 신호들을 제대로 해석하기 위해서는 더 넓은 환경에서 살아가는 돌고래들이 그 신호들을 어떻게 적용하고 언제 사용하는지를 이해해야 한다. 돌고래들은 무리마다 그들만의 사투리가 있고, 심지어 언어가 다른 경우도 있다. 이는 그들의 언어가 순전히 본능적이거나 물리적인 것에서 비롯되지 않았고, 문화적으로 전달되었음을 나타낸다. 따라서 우리가 그들과 진정한 의사소통을 할 수 있으려면 오랜 시간이 걸릴 것이다. 아직도 알아내야 할 것이 많이 남아 있다. 그 상호작용의 범위를 알기 위해서는 시간이 필요하다.

흰돌고래인 녹은 1970년대 후반에 포획되었는데, 당시만 해도 해군에는 해양 포유류 프로그램이 존재했다. 해군에서는 고래와 돌고래의 초음파를 이용하여 물속에 있는 폭발물을 탐지했는데, 녹은 북극해에서 어뢰를 탐지하고 있었다. 고래와 돌고래들의 훈련에는 인간의 목소리와 손짓이 활용되었다. 어느 날, 녹의 훈련사는 물속에서 사람들의 이야기 소리를 들었다. 그러나 주위에는 아무도 없었다. 그런 일은 그후에도 반복되었다. 알고 보니, 그것은 녹이 인간의 소리를 흉내 낸 것이었다.[26] 녹은 평생을 갇힌 상태로 보냈고, 훈련사는 그것이 녹이 주위 사람들과 더 강한 유대감을 형성하는 방법이라고 생각했다. 4년 뒤, 녹은 말하는 것을 그만두었다. 녹은 스물세 살에 뇌막염으로 세상을 떠났다.

## 코끼리

아시아코끼리 바티르와 인도코끼리 코식이는 둘 다 동물원에서 살았는데, 이 코끼리들은 녹보다 한 걸음 더 나아가서 실제로 인간의 말을 했다.

1969년에 태어난 바티르는 평생을 카자흐스탄의 카라간다 동물원에서 살았고, 다른 코끼리를 본 적이 없었다. 바티르는 1977년 새해 전날에 처음으로 말을 했고, 계속해서 어휘력을 키워 20개 이상의 문장을 말했다. 이를테면, "바티르는 좋다"라는 말을 했고, "줘", "마셔" 같은 단어를 쓰기도 했다. 또한 그는 "예"와 "아니오"를 사용했고, 몇 가지

욕도 알았다. 바티르는 기분에 따라서 자신의 이름을 다르게 발음했으며, 혀의 위치를 바꾸기 위하여 코를 이용했다. 밤에는 자신의 우리에서 조용히 혼잣말을 했는데, 혀를 쓰지 않았고 발음이 불분명한 소리를 냈다. 바티르는 인간의 소리뿐만 아니라 개와 생쥐의 소리, 기계의 소음까지도 흉내 냈다.[27]

한국의 한 놀이공원에서 살고 있는 코식이는 “안녕”, “앉아”, “누워”, “싫어”, “좋아”를 포함한 여러 단어를 혼자 익혔다. 녹음된 코식이의 소리를 듣는 한국인은 모두 그의 말을 명확하게 이해할 수 있다. 과학자들은 코식이가 자신이 하는 말을 이해하고 있는지 확신하지 못한다. 코식이는 “앉아”라는 말이 무슨 의미인지는 알지만, 그 말을 하면서 사육사가 앉기를 기대하지는 않는다. 따라서 코식이는 그 말을 명령으로 사용하고 있는 것이 아니다. 5세부터 12세까지는 코끼리의 발달에서 중요한 시기인데, 코식이는 그 시기를 다른 코끼리 없이 놀이공원에서 홀로 지냈다. 그래서 과학자들은 코식이가 사람들과 더 강한 유대를 형성하기 위해서 사람의 말을 흉내 내기 시작했다고 생각한다. 바티르와 마찬가지로 코를 이용해서 소리를 내는 코식이는 사육사의 목소리와 같은 진동수의 소리를 낸다. 현재 코식이는 암컷 코끼리와 함께 살고 있다. 그는 그 암컷과는 코끼리의 언어로 이야기하고, 주변 사람들과는 인간의 언어

로 대화한다.[28]

돌고래의 소리 중에는 너무 높아서 인간이 들을 수 없는 소리가 있는 반면, 코끼리의 소리 중에는 너무 낮아서 인간이 들을 수 없는 소리가 있다. 돌고래와 마찬가지로 코끼리도 복잡한 사회적 관계를 맺고 있으며, 소리가 의사소통에서 중요한 역할을 한다. 코끼리는 입과 코를 이용한 2가지 방식으로 소리를 낸다. 인간이 들을 수 있는 한계보다 낮은 소리로 알려져 있는 불가청 초저음은 진동수가 많은 높은 소리에 비해서 더 멀리까지 이동할 수 있다.[29] 이런 불가청 초저음은 4킬로미터 밖에서도 들을 수 있고, 큰 소리를 내면 무려 7킬로미터 떨어진 곳까지 들리기도 한다. 이 소리의 발견으로 코끼리 연구자들의 여러 궁금증, 이를테면 수컷 코끼리들이 짝짓기 철에 어떻게 멀리 있는 암컷의 위치를 찾는지, 수 킬로미터 떨어져 있던 가족들이 어떻게 한 장소로 찾아올 수 있는지와 같은 의문들이 해결되었다. 연구자들은 이런 불가청 초저음을 듣기 위해서 녹음된 소리를 약 3배 더 빠르게 재생시킨다. 코끼리 소리 듣기 프로젝트[30]의 연구자들은 코끼리에게는 정보는 물론 감정, 의도, 신체적 특징까지 전달하는 광범위한 언어가 있다고 믿는다. 코끼리는 친분을 나타내는 특별한 소리가 있고(코끼리는 그 소리를 토대로 수백 개체의 서로 다른 코끼리를 구별할 수 있다), 인간을 나타내는 소리, 벌을 나타내는 소리도 있다. 즉 단어가 있는 것이다. 소리는 가족 관계를 표현하는 데에 쓰이기도 한다. 게다가 코끼리는 추상적인 개념도 언급하는 것으로 추측된다.

코끼리가 이처럼 복잡한 공동체를 형성할 수 있는 이유 중의 하나는 사건들과 개체들을 잘 기억하기 때문이다. 암컷 코끼리는 무리를 지어 살고, 어린 수컷은 사춘기가 되면 무리를 떠난다. 수컷 코끼리는 영역이나 암컷을 놓고 경쟁을 벌일 때에만 사회적인 접촉을 한다고 오랫동안 추측되었지만, 최근 연구를 통해서 수컷들도 진한 우정을 나누고 많은 친구들과 어울리며 살아가는 것으로 드러났다.[31] 그들의 관계는 죽어서도 끝나지 않는다. 코끼리가 죽어가고 있으면, 주로 가족으로 이루어진 무리의 다른 코끼리들은 죽어가는 코끼리의 주위에 둘러서서 코로 그를 부드럽게 위로한다. 코끼리가 죽으면, 때로는 죽은 코끼리를 붙잡거나 일으켜 세우려고 한다. 그런 다음 죽은 코끼리의 몸을 흙과 나뭇잎으로 덮고 그 장소, 다시 말하면 코끼리의 무덤을 몇 년 동안 다시 찾는다. 코끼리들은 낯선 동물의 뼈에도 관심을 보인다. 기억력이 좋은 코끼리가 죽은 가족을 추모하는 행위를 한다는 것은 그들이 죽음이라는 추상적인 개념을 이해하고 있다는 것을 암시한다. 코끼리의 언어에 대해서 추가적인 연구가 이루어지면, 이 주제에 관해서 더 많은 실마리들이 나올지도 모른다.[32]

코끼리의 언어와 지능에 대한 연구, 그리고 야생 코끼리들 사이의 사회적 관계에 대한 연구는 동물원에서 사는 말하는 코끼리를 더 잘 이해하는 데에 도움이 될 수 있을 것이다. 코끼리의 지능을 생각하면, 인간의 말을 배우고 그것을 맥락에 맞게 사용하는 것은 대단히 놀라울 정도로 어려운 일은 아닐 것이다. 생리학적으로 따라 하기 어려운 방식의 단어들을 올바르게 흉내 내기 위하여 최선을 다한다는 사실을 통해서 코끼리들에게 사회적인 접촉이 얼마나 중요한지를 가늠해볼 수 있다. 다른 코끼리들은 전혀 알지 못하고 평생을 좁은 공간에서 보낸 바티르는 무척 외롭고, 무척 지루했을 것이다. 바티르가 인간의 언어로 말한 단어들보다, 코끼리 소리 프로젝트의 연구가 그의 언어 능력에 관한 훨씬 더 많은 것들을 우리에게 알려준다.

## 서로를 부르는 소리

인류학자 콘라트 로렌츠는 평생 수많은 동물들과 함께 살았는데, 그 동물들은 모두 그의 집 안팎을 자유롭게 돌아다녔다.[33] 로렌츠는 자녀들이 어렸을 때에만 동물 우리를 사용했다. 동물들을 잘 지켜볼 수 없을 때, 로렌츠와 그의 아내는 동물들을 가두기보다는 아이를 유아차 안에 두었다. 로렌츠는 종종 새를 길렀고, 각인에 관한 학설로 이름을 널리 알리기도 했다. 일부 종의 어린 새들은 알에서 나올 때에 또는 나온 직후에 처음 본 것을, 그것이 인간이든 진짜 부모이든 상관없이 자신의 부모라고 생각한다. 그러나 모든 새들이 곧바로 사람을 따르지는 않는다. 오리, 거위, 백조와 같은 새들에게는 예비 부모가 내는 소리가 매우 중요하다. 이 새들을 제대로 기르기 위해서, 로렌츠는 어미가 부르는 소리를 흉내 내야 했다. 그래서 로렌츠는 오리의 말을 배웠다.

어미가 부르는 소리와 마찬가지로, 새의 상호작용에서 중요한 역할을 하는 소리는 다른 새를 부르는 소리인 콜노트call-note이다. 콜노트는 본능의 표현, 즉 특정 상황에서 내는 선천적인 소리로 보인다. 로렌츠는 많은 종들에게 본능과 지능이 서로 어떻게 얽혀 있는지를 묘사한다. 많은 동물들이 선천적으로 콜노트에 반응한다. 자동적인 반응이므로 아무것도 배울 필요가 없다. 이는 인간의 아기가 우는 법을 따로 배울 필요가 없는 것과 같다. 동시에 콜노트는 문화적인 기능을 할 수도 있다. 새들의 소리는 한 무리의 구성원들에게 전달되고, 창조적인 새들은 그 소리에 자신만의 특징을 가미할 수도 있다. 로렌츠는 로아라는 큰까마귀를 길렀는데, 로아는 다 자라서 다른 까마귀들과 함께 살기 위하여 자신만의 장소를 찾아 떠난 후에도, 종종 로렌츠와 함께 걷거나 날기 위해서 그를 찾아왔다. 로아는 나이가 들수록 점점 더 예민해졌다. 불쾌한 경험을 했던 곳에는 다시 가려고 하지 않았고, 낯선 사람을 무서워했다. 그럴 때에는 로렌츠의 머리 위를 낮게 날면서, 마치 경고를 하듯이 평소에 내는 것과는 다른 종류의 소리를 내고는 했다. 그 소리는 로아가 다른 까마귀를 부르기 위해서 만든 콜노트와는 달랐다. 그것은 인간의 억양으로 로아 자신의 이름을 부르는 소리, 평소에 로렌츠가 로아를 부르는 소리였다. 로렌츠는 로아에게 이런 인간의 소리를 내는 방법을 가르친 적이 없다고 썼다. 로아는 로렌츠를 위해서 이런 콜노트를 만들어 낸 것이다. 로렌츠는 동물이 이런 종류의 언어적 통찰을 나타내는 사례를 이외에는 본 적이 없다.

큰까마귀와 다른 까마귀류는 대단히 다양한 소리를 낸다. 그 소리들은 높낮이와 억양과 속도에 따라서 의미가 달라지며, 다양한 사물을 나타내거나 개체를 구별하기 위하여 쓰일 수도 있다. 까마귀 연구자인 마이클 웨스터필드의 연구에서 밝혀진 바에 따르면, 까마귀는 "인간", "고양이", "개"를 의미하는 다른 소리를 낼 수 있을 뿐만 아니라 서로 다른 두 고양이를 구별할 수도 있다. 사냥을 하지 않는 늙은 고양이를 의미하는 소리는, 어린 까마귀를 사냥할지도 모르는 젊은 고양이를 의미하는 소리와 다르다.[34] 어린 까마귀는 실제 까마귀 소리를 낼 수 있게 되기 전까지 의미 없는 소리를 지껄일 것이다. 연구자들은 이 소리를 인간 아기의 옹알이에 비교한다.[35] 까마귀는 기본적으로 가족끼리 대화를 하지만, 무엇인가를 먹기 전이나 먹고 있는 동안에는 낯선 까마귀들과 많은 의사소통을 한다. 특히 먹을 것을 구하기 어려울 때에는 더욱 활발한 대화가 이루어진다. 한 연구에서 까마귀들이 나무줄기의 깊은 구멍 속에 있는 딱정벌레 애벌레를 보고 있었다. 서로 모르는 사이였던 까마귀들은 곧바로 대화에 들어갔다. 아마 딱정벌레 애벌레를 끄집어낼 최고의 기술에 대한 정보를 교환하기 위해서였을 것이다. 크리스찬 루츠의 말에 따르면, 접근하기 어려운 먹이가 까마귀 무리에 주는 효과는 사무실에 커피 머신을 들여놓았을 때와 비슷하다.[36]

까마귀의 관찰을 통해서, 까마귀 또한 우리가 한때 영장류와 고래류의 독특한 특성이라고 믿었던 방식으로 의사소통을 할 수 있다는 것이 드러났다. 까마귀는 절대로 얼굴을 잊지 않는다. 만약 새끼를 위협하는 행동을 해서 까마귀를 화나게 하면, 까마귀는 그 사람을 기억하고 있다가 지나갈 때마다 공격할 것이다.[37] 까마귀류는 먹이를 숨겨놓는데, 이는 까마귀의 기억력이 좋다는 것을 입증한다.[38] 큰까마귀는 소리로 의사소통을 할 수 있을 뿐만 아니라, 몸짓을 이용하여 사물에 대한 정보를 전달하기도 한다.[39] 까마귀류는 복잡한 문제도 풀 수 있다. 연구자 알렉스 테일러는 007이라고 불리는 까마귀가 맛있는 간식을 얻기 위해서 어떻게 8단계의 문제를 푸는지를 보여주었다. 먼저 이 까마귀는 짧은 막대를 이용하여 상자에서 돌멩이를 꺼낸 다음, 다른 상자에서 두 번째 돌을 꺼냈다. 까마귀는 돌 2개를 시소판이 들어 있는 플라스틱 용기 속에 떨어뜨리고, 다시 다른 상자에서 세 번째 돌을 꺼내서 또 플라스틱 용기 속에 떨어뜨렸다. 돌의 무게로 시소판을 기울게 하여 고기 한 조각을 꺼낼 수 있는 긴 막대를 밖으로 굴러 나오게 했다.[40] 까마귀류(큰까마귀, 까치, 일부 다른 새들)는 같은 무리의 일원이 죽으면 장례 의식을 치른다. 이 장례 의식에는 때로 많은 새들이 모이기도 하며, 죽은 친구나 친척 주위에 모여서 소리를 낸다.[41]

## 확고한 진리에서 언어 게임으로

인간은 여러 가지 방식으로 다른 동물들과 언어적 상호작용을 한다. 이런 상호작용의 실행은 네덜란드어나 영어 같은 자연어와는 비교하기 어렵지만, 그래도 분명하게 언어의 표현으로 해석될 수 있다.

플라톤 이래로, 철학은 전통적으로 진리를 추구해왔다. 플라톤이 상상한 진리의 모습은 보편적이고 명확한 것이다. 플라톤에 따르면, 진리는 일상 속에서 발견되는 것이 아니다. 우리를 둘러싼 실재 속에 보이는 것에 대한 성찰,

즉 뛰어난 지성을 통해서만 감지할 수 있는 영원한 이데아 속에 있다. 이런 진리의 이미지에는, 언어가 그것이 가리키는 것을 명확하고 순수하게 반영한다는 생각과 "언어"라는 개념이 명쾌하게 정의되어 있고 알려져 있다는 개념이 동반된다. 이 개념에서 "언어"는 보편적으로 적용될 수 있는 명확하게 정의된 의미를 가진다.

언어철학자인 비트겐슈타인은 그의 후기 연구에서, 단어가 하나의 명확한 의미를 가지고, 언어가 일방적으로 정의될 수 있다는 생각을 버렸다.[42] 비트겐슈타인에 따르면, 언어를 정의하는 것은 불가능하다. 그리고 그런 생각은 언어와 의미의 작용 방식까지도 모호하게 만든다. 언어는 셀 수 없이 다양한 방식으로 이용되며, 단어와 개념과 "언어"라는 단어의 의미는 상황에 따라서 달라질 수 있다.

언어가 무엇인지를 이해하기 위해서는 언어가 어떻게 작용하는지를 연구해야 하고, 이를 위해서는 그 언어 내에서 이루어지는 관습을 연구해야 한다. 비트겐슈타인은 이것을 "게임"이라는 단어에 비유한다. 게임은 종류가 매우 다양하며, 그 게임들을 정의할 수 있는 하나의 공통된 특징이 없다. 어떤 게임끼리는 공통점이 있기도 하지만, 어떤 게임은 그렇지 않다. 그러나 우리가 게임을 할 때에는 그것이 게임이라는 것을 안다. "언어"의 개념도 어떤 언어인지에 따라서 수많은 방식들로 구성된다. 하지만 모든 언어에 우리가 정의할 수 있는 공통된 특징이 있는 것은 아니다. 따라서 비트겐슈타인이 말하는 "언어 게임"은 언어가 게임 같다거나 사람들이 언어를 사용할 때에 항상 게임을 하고 있다는 뜻이 아니라, "언어"라는 개념의 구조가 "게임"이라는 개념의 구조와 비슷하다는 의미이다.

비트겐슈타인의 "언어 게임" 개념은 개인의 언어 습관과 아주 원시적인 인공 언어를 포함한 언어 전체를 가리키는데, 이 개념은 고정된 정의를 내리지 않기 때문에 동물과의 의사소통을 생각하기에 알맞고 다양한 언어적 행동의 연구에도 적합하다. 언어 게임은 단어를 넘어서, 몸짓과 자세와 움직임과 소리로까지 확장된다. 비트겐슈타인은 노래, 기도, 휘파람, 농담, 문제 풀기를 예로 든다. 진지한 문장은 표정과 억양과 몸짓에 따라서 농담으로 바뀔 수 있다. 어떤 언어를 아직 완전히 익히지 못한 사람은 단어를 틀린 의미로 사용하더라도 손짓 같은 것을 이용하여 그것을 이해시킬 수 있다. 그리고 비트겐슈타인에 따르면, 의미는 용도와 밀접한 연관이 있는데, 이는 페퍼버그가 알렉스와의 의사소통에서 지적한 점과 매우 비슷하다. 지금까지 내가 설명한 상황은 네덜란드어 같은 자연어로는 이해될 수 없지만, 확실히 인간과 다른 동물 사이의 언어 게임이라고 볼 수 있다.

언어와 사고의 관계, 언어와 현실의 관계는 둘 다 철학적 연구의 대상이다. 많은 사람들은 언어를 활용하는 능력이 정신에 있다고 생각한다. 그러나 비트겐슈타인은 그 초점을 정신에서 언어와 세계의 관계로 옮기면서, 특히 사회적 관습의 역할을 지적한다. 발화된 말의 의미는 (어떤 상위 권력이나 세계의 필연적인 구조인) 외부 또는 (다른 누군가가 들여다볼 수 없는 폐쇄된 공간으로 상상되는) 정신에서 유래하는 것이 아니다. 언어는 활용을 통해서 의미를 얻는다. 그렇기 때문에 언어는 항상 공적인 관심사인 것이다. 우리가 혼잣말을 하거나 혼자서 글을 쓰면서 무엇인가를 생각할 때조차도 그런 사회적인 요소는 존재한다. 우리는 다른 사람들로부터 말하기와 글쓰기를 배웠고, 그 방법으로 자신을 표현하는 것이 전통과 문화의 일부이다. 살짝 변형을 주는 것은 가능하지만, 완전히 새로운 것은 이해하기 어렵다. 활용과 의미 사이의 관계에 대한 강조는 동물과 그들의 언어를 연구하는 일에도 새로운 시각을 제공한다. 이런 시각에서는 다른 동물의 사고를 더 이상 회의적으로 보지 않는다. 다른 동물이 말을 하는지 여부를 결정하기 위해서 그들의 머릿속에 무엇이 있는지를 알아야 할 필요는 없다. 우리는 그들이 어떻게 언어를 활용하는지를 관찰하고, 그것을 받아들여야 한다.

우리는 다른 동물들과 함께 살아가기 때문에 우리의 개념도 어느 정도는 다른 동물들과 관련을 맺으면서 형성되었다. 아이들은 다른 동물의 행동, 동물에 관한 이야기, 동물과의 상호작용을 통해서 단어의 의미를 배우기도 한다. 오스트레일리아의 철학자인 레이먼드 게이타는 그의 삶 속에 있는 동물들에 관한 책을 썼는데,[43] 이 책에서 그는 언어에 대한 우리의 생각에 다른 동물들이 미치는 영향을 이야기한다. 언어는 본질적으로 사회적인 현상이고, 인간은 다른 인간들뿐만 아니라 다른 동물들과 함께 공동체를 이루며 사는 경우가 많기 때문에, 동물들도 우리가 쓰는 언어에서 일정 부분의 역할을 한다. 우리는 어떤 개념의 의미를 생각할 때나 다른 동물과 그 개념의 연관성을 생각할 때, 이런 맥락을 고려해야 한다. 동물이 인간에 의해서 정의된 것과 같은 고통을 느끼는지 또는 어떤 의도를 가지고 행동하는지를 궁금하게 여긴다면, 우리는 잘못 생각하고 있는 것이다. 우리가 알고 있는 고통은 부분적으로는 다른 동물의 고통에 관해서 말하고 그것을 관찰함으로써 배운 것이다. 따라서 그들의 고통은 이미 "고통"이라는 의미의 일부이다. 어떤 개념에 접근하기 위해서 동물이 특별한 인지 기준을 만족할 필요는 없다. 동물은 그들의 생각과 행위를 통해서 이미 그 일부를 이루고 있기 때문이다.

언어에 관한 비트겐슈타인의 생각은 우리가 동물과 함께하는 언어를 생각하는 데에 도움이 될 수 있다. 그의 방법은 동물에게 정말 언어가 있는가라는 의문에 대한 새로운 해결의 실마리가 될 수도 있다. 언어를 전체적으로 정의하는 방식도 언어 게임이라고 볼 수 있는데, 그런 방식 중의 하나는 합리적인 성인이 특정 형태의 언어적 표현을 진정한 진짜 언어라고 정의하는 것이다. 이런 사고방식은 긴 역사를 가지고 있으며, 별안간 나타난 것이 아니다. 이는 사회적인 관행이며, 권력 관계의 영향을 받는다. 우리는 개념의 역사를 연구할 수 있고, 사회적 관계의 영향으로 개념이 어떻게 변하는지를 조사할 수 있다. "권리"라는 개념을 예로 들어보자. 그리스의 도시국가인 폴리스에서는 자유인인 남자만이 정치적인 결정을 내릴 수 있는 권리가 있었다. 노예와 여자들은 그런 권리가 없었고, 동물과 아이들은 말할 것도 없었다. 서구에서는 시민권 운동이나 여성 운동 같은 다양한 운동 덕분에 대부분의 성인이 민주적인 권리를 보장받았다. 새로운 권리를 얻게 되면서, "권리"의 의미는 선택된 집단을 위한 것에서 모든 인간을 위한 것으로 확대되었다. 적어도 이론상으로는 그렇다. 동물권은 확실히 일반적으로 받아들여진 개념은 아니다. 그러나 만약 동물이 권리를 얻는다면, 권리라는 개념은 한 번 더 변화를 겪게 될 것이다.

비트겐슈타인에 따르면, 언어의 의미를 조사하기 위해서는 기존의 언어 게임을 연구해야 한다. 그리고 기존의 언어 게임을 연구하기 위해서는 구체적인 언어 게임 내에 있는 관행을 연구해야 한다. 그래서 비인간 동물에게 인간의 언어를 말하도록 가르칠 때, 우리는 그들이 인공적인 환경 속에서 인공 언어를 배운다는 사실을 반드시 명심해야 한다. 동물과 훈련사와의 관계는 중요하다. 이와 함께, 같은 종류의 동물들과 맺는 관계, 훈련 방법 따위도 중요하다.

연구자들은 개를 위한 수어를 개발하고, 그림문자를 이용하는 방법도 가르쳤다. 어떤 개에게 기니피그를 소개했을 때, 연구자들은 그 개가 "놀이"라는 기호를 누르기를 기대했지만 그가 누른 것은 "먹이"라는 기호였다.[44] 이 사례에서 우리는 한 집에 사는 다른 동물을 놀이 상대로 보기보다는 잠재적인 먹이로 여긴 개의 생각을 살짝 엿볼 수 있다. 그러나 이 사례는 개가 의사소통을 얼마나 잘할 수 있는지에 대해서, 다시 말하면 종 특유의 언어 능력에 대해서 모든 것을 알려준다고 보기는 어렵다. 다만 한 동물이 이런 특정한 언어 게임을 얼마나 잘하는지를 알려줄 뿐이다. 이와 달리, 개들은 대단히 복잡한 냄새 신호로 의사소통을 한다. 그러나 이런 기술은 언어로 간주되지 않는 경우가 많다. 다른 동물들에게 인간의 언어를 말하도록 가르치는 것을 목표로 하는 인간은, 인간의 언어만이 유일한 진짜 언어라고 보는 언어 게임을 하고 있는 것이다. 이 언어 게임에서는 인간의 언어를 언어의 숙련도와 지능을 측정하는 기준으로 삼는다.

## 말 배우기

이 글을 쓰고 있는 시점에는 인간, 박쥐, 코끼리, 물범, 고래라는 다섯 종류의 포유류가 새로운 소리를 내는 방법을 배울 수 있는 것으로 추정되고 있다.[45] 이 동물들은 인간의 말을 배울 수 있고, 일부는 다른 동물의 언어를 말하는 방법을 배우거나 시도할 수 있다. 이를테면, 범고래는 돌고래의 소리를 흉내 낼 수 있고, 그 기술을 이용하여 돌고래와 의사소통을 하는 것으로 알려져 있다.[46] 앵무새는 자기 방어와 사냥을 위해서 다른 동물들의 소리를 흉내 내며, 다른 새들은 새로운 소리를 배울 수 있다. 다른 포유류도 제외하기에는 아직 이른 것 같다. 쾰른 동물원에서 사는 오랑우탄 틸다는 사람처럼 휘파람을 불 수 있고, 인간의 소리처럼 들리는 범위의 소리를 낼 수 있다. 그 소리는 오랑우탄이 야생에서 내는 소리와 완전히 다르고, 분명하게 인간의 말소리를 닮았다. 특히 운율과 자음과 모음이 번갈아 나오는 것이 비슷하다.[47] 인터넷에는 인간의 소리를 흉내 내는 개와 고양이의 영상도 있지만, 이런 영상의 과학적 의미는 아직까지 명확하지 않다. 코끼리인 코식이는 단어를 발음할 수 있다. 그럼에도 불구하고 말에만 집중하여 모방을 고려하는 것은 문제가 있는 것 같다. 동물은 주로 몸짓, 신체 언어, 냄새, 그밖의 표현으로 자신을 드러내기 때문에, 어쩌면 이 지점에서 우리는 모방을 의사소통의 한 형태로 보아야 할지도 모른다.

말을 하는 동물들은 대부분 대단히 사회적인 종에 속한다. 동물들은 다양한 이유로 말을 한다. 갇혀 있는 동물은 그들을 가둔 인간과 유대감을 강화하기 위해서, 또는 그들이 듣는 유일한 언어가 그것이기 때문에 말을 할 수 있다. 말을 함으로써 동물은 그들의 환경을 통제할 수 있다. 예를 들면 칸지는 도구를 이용하듯이 그림문자를 이용하여 피자를 요구한다. 말은 일종의 놀이가 될 수도 있다. 일본에 있는 어느 흰돌고래는 자신의 놀이에 인간을 끌어들이기 위하여 말을 하는 것으로 보인다.[48] 야생동물은 기존의 관계를 돈독히 하거나 다른 동물의 환심을 사기 위해서 그들의 학습 능력을 이용한다. 다른 소리를 흉내 내는 동물들도 있다. 이를테면, 로테르담 기차역에 있는 찌르레기들은 열차의 출발 신호를 흉내 내며, 어떤 새들은 전화 소리를 따라하기도 한다. 과학자들은 이 동물들이 다른 동물들에게 깊은 인상을 주기 위해서 이렇게 한다고 믿고 있다.[49]

성대모사는 인간 언어의 밑바탕이다. 우리는 모방 능력이 있기 때문에 수많은 단어와 소리를 배우고 재현할 수 있으며, 그렇게 광범위한 어휘를 가지고 있는 것이다. 이와 동시에, 학습에는 모방 이상의 것이 요구된다. 단어를 맥락에서 분리해서는 이해할 수 없기 때문이다. 비트겐슈타인의 『철학적 탐구(*Philosophische Untersuchungen*)』는 한 아이가 단어와 사물을 연결 지으면서 언어를 배우는 장면으로 시작된다. "탁자"는 탁자를, "의자"는 의자를 나타낸다. 비트겐슈타인은 언어는 정말로 이런 방식으로 작동하지만, 이것이 유일한 방식은 아니라고 말한다. 언어를 배울 때에는 단어들과 그와 연관된 대상이나 행동을 배우는 것만으로는 충분하지 않다. 단어는 실행을 통해서 의미가 부여되기 때문이다. 단어의 의미는 상황에 따라서 다를 수 있는데, 이는 언어를 잘 활용하기 위해서는 단어가 어떻게 쓰이는지를 알아야 한다는 사실을 의미한다. 인간에게서나 다른 동물에게서나, 이것은 단순한 모방의 범위를 넘어선다.

그 맥락, 잠시 비트겐슈타인의 용어를 계속 쓰자면 그 언어 게임이 보상을 통한 단어 학습과 연관이 있다면, 동물의 그런 능력은 그들의 언어 숙련도보다는 보상을 통한 단어 학습 기술에 관해서 더 많은 것들을 알려준다. 이런 언어 게임에서는 어떤 발성도 할 수 없는 동물은 자동으로 배제되고, 일상생활에 필요하지 않기 때문에 모방을 잘하지 못하는 동물 역시 불리하다. 따라서 인간의 단어를 배우는 것이 대체로 인간에 의해서 고안된 인위적인 과정이라고 해도, 우리가 동물에 관해서 배울 만한 여지는 여전히 존재한다. 이를테면, 그들이 배우거나 생각하는 방식, 문화, 그들의 기억력 같은 것이다. 수컷 고릴라 마이클은 아주 어렸을 때, 야생에서 경험한 기억을 수어로 이야기했다. 이것은 서사적 정체성(오랜 시간에 걸친 자아에 대한 이해)과 일화적 기억(개인적인 경험이 기록된 하나의 기억, 장기 기억의 일부)을 나타낸다. 이 사례들이 단순히 성대모사 이상의 무엇인가와 연관이 있다는 점을 주목하는 것도 중요하다. 코코와 워슈의 사례에서 보았을 때, 가장 의미 있는 의사소통은 몸짓과 눈맞춤으로 이루어져 있었다. 즉 다른 동물과 인간 사이에 감정적 교감이 일어난 순간이었다.

# 2 살아 있는 세계에서의 대화

사람들은 도시의 거리를 걸으면서 서로 이야기를 나누거나 전화 통화를 한다. 문자 메시지를 보내고, 지나가는 사람에게 추파를 던지고, 다른 사람과 부딪치고, 욕을 한다. 높은 곳에서는 수컷 비둘기가 창틀에 앉아서 암컷 비둘기에게 사랑의 노래를 부른다. 갈매기들은 과자를 찾기 위해서 하늘 높이 빙빙 돌며 날카로운 소리를 지른다. 거리와 건물 사이의 틈새를 따라서 줄지어 가는 개미들은, 근처에 먹이가 있다는 것을 다른 개미들이 알 수 있도록 냄새의 자취를 남긴다. 생쥐들은 벽 안에서 노래하고 있다. 그 노랫소리는 너무 높기 때문에 사람들은 가까이 있어도 거의 들을 수 없다. 정육점 앞의 개 한 마리는 소시지 덩어리를 기다리고 있다. 개는 지나가는 사람들과 눈을 맞춘다. 공사가 절반쯤 진행된 지하철의 터널 안에서는 쥐 한 마리가 페로몬pheromone으로 다른 쥐에게 경고를 보낸다. 근처 운하에서는 농어 한 마리가 부레를 진동시켜서 다른 농어와 접촉을 시도한다. 물 위에서는 어린 물닭 무리가 어미를 찾는다. 오리 한 마리는 빵을 구걸하고 있다.

도시는 주로 인간의 터전처럼 보이지만, 다른 동물들도 어디에서나 그들끼리 또는 다른 종들과 소통하며 살아가고 있다. 우리는 이 동물들의 언어 가운데 일부는 자연스럽게 이해하고 있지만, 그외에는 완전히 불가사의한 것에서부터 알 듯 말 듯한 것까지 다양한 정도로 이해하고 있다. 언어 표현들 중에는 우리가 듣거나 볼 수 있는 표현도 있고, 우리가 이해하지 못하는 표현도 있다. 그리고 우리가 듣거나 보거나 냄새를 맡을 수 있는 범위를 완전히 벗어나는 표현도 있다. 이 장에서는 동물들의 서로 다른 언어 표현에 대하여 그들의 사회적 기능의 맥락에서 이야기할 것이다. 그러기 위해서 현재 이루어지고 있는 광범위한 동물 언어에 대한 연구 가운데 일부를 살펴볼 것이다. 많은 연구 프로젝트들은 이제 막 시작되었거나 최근에 방향을 전환하여 불완전한 상태이다. 새의 노래에 대한 연구를 예로 들어보자. 새소리는 아주 오래 전부터 연구되어왔고 그 구조가 상당히 많이 알려져 있지만, 영역 방어와 같은 일반론을 넘어서는 정확한 의미를 분명하게 정의하기 위해서는 새가 그 노래를 하는 상황의 맥락과 사회적 관계에 대한 연구가 필요하다. 이런 종류의 연구는 여전히 초기 단계에 머물러 있다.

## 경고 소리

우리는 위험이 닥치면 다른 사람들에게 위험을 알린다. 불꽃이 있으면 "불이야!"라고 외치고, 도로에서 사고가 날 것처럼 보이면 "조심해!"라고 말한다. 무엇인가가 떨어질 것 같으면, 우리는 그것이 무엇이고 어디에 있는지를 설명한다. 다른 동물들도 서로에게 위험을 알리며, 이를 위해서 많은 종들이 하나 또는 여러 개의 경고 소리를 사용한다. 제대로 된 경고 소리는 말 그대로 많은 동물들의 목숨을 구해줄 수도 있다.

과학자들은 동물들이 다른 동물들에게 침입자에 관해서 경고하는 방법을 많이 알고 있는데, 아마도 경고 소리가 잘 들리기 때문일 것이다. 인간에게 그 소리는 두려움에 질려서 "도와줘!" 또는 "조심해!"라고 외치는 것처럼 들린다. 그러나 경고 소리는 다양한 의미를 담고 있으며, 때로는 꽤 복잡하다는 것이 연구를 통해서 밝혀졌다. 경고 소리에 대한 연구에서, 우리는 다른 동물들의 의사소통 체계뿐만 아니라 그들이 세계를 어떻게 경험하고 바라보는지도 배울 수 있다.

프레리도그는 땅속에 굴을 파고 살면서, 잠을 자는 곳, 새끼를 낳는 곳, 화장실 따위로 공간을 구분한다. 그들의 영역은 넓지 않아서 늘 같은 장소에 머무른다. 이렇게 평생을 토박이처럼 살다 보니, 많은 포식자들에게 쉬운 먹잇감이 된다. 포식자는 일단 프레리도그가 사는 곳을 알기만 하면, 프레리도그가 때가 되면 먹이를 찾으려고 자연스럽게 나타난다는 것을 안다. 포식자는 끈기 있게 프레리도그를 기다리기만 하면 되는 것이다. 그 결과 프레리도그는 상당수의 복잡한 경고 소리를 발전시켜왔는데, 인간의 귀에는 그 소리가 새가 짹짹거리는 소리와 비슷하게 들린다. 그 짹짹거리는 소리가 한꺼번에 많이 들리면, 멀리서 개가 짖는 소리와 비슷하다고 해서 초원의 개라는 뜻의 프레리도그라는 이름이 붙은 것이다. 프레리도그는 땅속에서는 소리를 별로 내지 않고, 주로 미각에 의존하여 의사소통을 한다. 프레리도그는 다른 프레리도그를 만나면 서로 프렌치키스를 나누며 인사를 한다. 프레리도그는 이 방법으로 상대가 가족인지, 친구인지, 적인지를 알아본다. 그들은 땅 위에서도 같은 방식의 인사를 나누는데, 때로는 (상대 프레리도그가 가족이나 친구가 아니면) 진짜 불쾌한 키스에 경악했다는 듯이 펄쩍 뛰면서 상대에게서 떨어지는 것을 볼 수 있다.[1]

프레리도그는 침입자에 따라서 다른 소리를 낸다. 그 소리에는 침입자가 다가오는 방향이 하늘인지 땅인지에 관한 정보가 담겨 있는데, 침입자의 접근 방식에 따라서 대응이 달라지기 때문에 이런 정보를 경고 소리에 포함시키는 것은 매우 유용하다. 그러나 그것이 끝이 아니다. 프레리도그는 침입자를 자세하게 묘사할 수 있다. 침입자가 사람일 경우에는 그 사람이 얼마나 큰지, 어떤 색의 옷을 입고 있는지, 우산이나 총을 가지고 있는지 따위를 이야기한다. 개의 경우에는 크기와 색깔, 모양과 함께 그 개가 얼마나 빨리 다가오고 있는지도 언급한다. 경고 소리는 각 부분의 순서가 달라지면 의미가 달라지는데, 이는 간단한 문법과 비슷하다. 프레리도그는 동사, 명사, 부사를 이용하여 의미 있는 문장을 구성한다. 또한 "타원형의 알 수 없는 위협"과 같은 새로운 조합을 만들 수도 있다. 오랫동안 프레리도그를 연구해온 생물학자 콘 슬로보치코프는 그들의 언어를 한 단계씩 해독하고 있다. 슬로보치코프에 따르면, 프레리도그의 소리는 정말로 하나의 언어이다. 프레리도그는 경고 소리 이외에도 사회적인 대화를 하며(그 의미는 현재 연구 중이다), 검은꼬리프레리도그 같은 일부 종은 앞다리를 들고 두 발로 서서 위로 뛰어오르며 높은 소리를 지르는 행동인 "점프입jump-yip"을 한다. 이 행동은 축구 경기장의 파도타기처럼 전염성이 있다. 때로 프레리도그들은 너무 열정적으로 점프입을 하다가 뒤로 자빠지기도 한다. 가령 뱀이 방향을 바꿔서 다른 곳으로 향하면, 프레리도그들은 점프입을 할 것이다. 그 행동은 마치 기뻐서 뛰어오르는 것처럼 보인다.

미국박새의 경고 소리도 우리의 생각보다 훨씬 더 발전되어 있다. 그 소리는 맹금류의 날개 길이, 속도, 공격 방식을 포함한 상세 정보를 알려준다. 영어로 미국박새를 뜻하는 치카디라는 이름은 이 새들이 내는 소리에서 따온 것인데, 그 소리 중에서 가장 중요한 정보는 "디" 소리에 담겨 있다. 이를테면, 북아메리카귀신소쩍새에 대해서 말할 때에는 "치카디디디" 하고 울지만, 더 위험한 새에 대해서 말할 때에는 "디" 소리를 무려 15번이나 낸다. 우리와 더 친근한 동물인 닭의 경우에는 하늘과 땅에서 오는 포식자를 각각 다른 소리, 즉 다른 단어로 나타낸다. 이 소리에 담긴 정보는 각각의 동물에 관한 것이라기보다는 접근 방식에 관한 정보이다. 위쪽에서 다가오고 있는 미국너구리에 관한 경고 신호는 미국너구리에 대한 정보를 담은 신호가 아니라 공중 습격에 대한 신호이다. 지금까지 알아낸 바에 따르면, 닭은 20가지가 넘는 소리를 낼 수 있지만 아직 우리는 그 소리의 의미 대부분을 이해하지 못하고 있다.[2]

인간이 아닌 영장류도 그들 나름대로 다양한 소리를 사용한다. 버빗원숭이는 그 지역에 있는 모든 포식자들을 각각 다른 소리로 나타낸다. 서로 다른 경고 소리에 그들이 어떻게 대응하는지에 대한 연구는 소리에 대한 그들의 반응이 맹목적이지 않다는 것을 드러낸다. 연구자들이 (예를 들면 뱀과 맹금류를 나타내는 소리에 대한 반응을 시험하기 위해서) 하나의 경고 소리를 반복적으로 재생하면, 버빗원숭이들은 소리가 몇 번 반복된 후에는 반응을 보이지 않는다. 녹음된 소리의 주인공을 믿을 수 없다는 것이 증명되었기 때문이다. 이 실험은 버빗원숭이가 본능적으로 반응하지 않고 그 소리에 대해서 어떤 평가를 한다는 것을 보여준다. 경고 소리는 의미 있는 정보를 전달하며, 단순히 자동적인 반응을 유발하는 신호가 아니다.[3]

동물은 때로는 다른 종의 경고 소리를 이해하기도 한다. 캠벨모나원숭이의 경고 소리에는 문법이 있다. 다시 말하면, 각각의 요소들이 문장구조를 이루며 연결되어 있는 것이다. 다이애나원숭이의 경고 소리에는 이런 특징이 없지만, 다이애나원숭이도 캠벨모나원숭이의 경고 소리를 이해할 가능성이 있다.[4] 그리고 다른 동물의 경고 소리를 흉내 낼 수 있는 동물도 있다. 붉은 눈을 가진 작고 검은 새인 두갈래꼬리드론고는 50가지가 넘는 다른 종의 경고 소리를 흉내 낼 수 있다. 이들이 흉내 낸 경고 소리를 듣고 다른 종의 새들이 무서워서 날아가버리면, 두갈래꼬리드론고는 그들의 먹이를 잽싸게 훔친다.[5] 앵무새는 인간의 언어뿐만 아니라 대단히 많은 다른 동물들의 소리도 흉내 낼 수 있다. 경고 소리도 여기에 포함된다. 그 능력은 두갈래꼬리드론고처럼 앵무새에게도 힘의 원천이 된다.

동물의 경고 소리에는 몸짓, 자세, 표정 같은 시각적인 신호가 종종 수반되는데, 이런 요소들은 단독으로 또는 조합을 이루어 나타난다. 냄새도 중요한 역할을 한다. 고둥, 달팽이, 민달팽이를 포함하는 복족류腹足類 가운데에는 공격을 받으면 소리를 낼 뿐만 아니라, 페로몬이 들어 있는 점액질 흔적을 남기는 종류도 있다.[6] 페로몬과 냄새가 의사소통에서 하는 역할에 대한 연구는 이제 걸음마 단계에 있다. 그러나 우리는 꿀벌에서부터 하마에 이르기까지 다양한 동물의 경고 냄새가 몇 가지 향으로 이루어지며, 비율에 따라서 정확한 의미가 결정된다는 것을 안다. 아프리카 꿀벌은 무리 중의 한 마리가 냄새로 다른 꿀벌들을 부르면 함께 모여서 공격을 한다.[7] 그런 공격은 인간의 목숨을 위협하기도 한다. 꿀벌들은 다양한 화학적 페로몬을 마치 단어처럼 이용하여 벌집 같은 것에 대한 정보를 주고받는 것으로 보인다.[8] 날개 달린 곤충인 캘리포니아총채벌레는 위협의 종류에 따라서 각각 다른 경고 페로몬이 있다.[9] 캘리포니아총채벌레의 애벌레는 위험을 느끼면, 데실아세테이트와 도데실아세테이트라는 2가지 물질로 이루어진 경고 페로몬을 방울방울 떨군다. 위험도가 증가하면, 만들어지는 페로몬의 양이 증가하고 두 물질의 비율도 바뀐다. 위험 신호를 포착한 애벌레들은 상황에 맞는 다른 반응을 보인다. 무슨 일이 일어나고 있는지를 명확하게 이해하는 것이다. 이 연구는 화학적 경보가 기존에 생각했던 것보다 더 복잡하고 상세한 방식으로 작동한다는 사실을 보여준다. 캘리포니아총채벌레는 예외적인 경우가 아닐 가능성이 크고, 아마 다른 절지동물들 중에도 이런 방식으로 의사소통을 하는 종류가 있을 것이다. 인간도 냄새를 이용한 의사소통을 한다. 낭만적인 사랑은 주로 페로몬에 의해서 일어나는 것처럼 보인다. 그러나 우리는 다른 형태의 의사소통에 비하여 페로몬을 일반적으로 잘 인식하지 못한다.

## 인사

인간에게는 대형 포식자에 대한 경고 소리는 별로 없지만, 여러 다른 사회성 동물과 마찬가지로 늘 서로 인사를 나눈다. 만약 어느 외계인 연구자 집단이 이런 현상을 연구한다면, 그들은 다양한 소리를 내는 모습과 몸짓, 자세를 보게 될 것이다. 우리는 "안녕"이나 "안녕하세요"라고 말한 다음, 잠깐 서서 대화를 하거나 그냥 손만 들어올리고 서로 지나친다. 네덜란드 사람들은 뺨이나 입술에 한 번, 두 번, 또는 세 번 입을 맞춘다. 영국이나 미국에서 온 젊은 사람들은 종종 포옹을 한다. 어떤 사람들은 고개를 숙여 인사를 하거나 악수를 할 것이다. 그러면서 눈을 맞출 수도 있고 피할 수도 있다. 인사의 문화적 차이, 이를테면 한 사람은 키스를 세 번 하려고 하고 다른 사람은 그렇게 여러 번 키스할 생각이 없을 때, 또는 한 사람은 키스를 하려고 하고 다른 사람은 포옹을 하려고 할 때와 같은 경우에는 어색한 분위기가 연출될 수도 있다.

인간이 서로 인사를 하는 까닭은 만나서 반갑거나 유대

를 강화하는 것이 좋아서, 또는 둘 다일 수 있다. 일부일처제 방식으로 짝짓기를 하는 바닷새인 가다랭이잡이도 그렇다. 이 새들은 짝이 둥지로 돌아올 때마다 서로 머리와 목을 문지르며 대대적인 인사 의식을 치른다. 수컷은 종종 둥지를 장식하거나 목걸이로 쓸 꽃 같은 것을 가져와서 암컷에게 선물한다.[10] 물총새도 짝을 위한 인사로 선물을 가져온다. 선물은 대개 물고기처럼 먹을 수 있는 것이다.[11] 마찬가지로 어치와 까마귀도 짝을 위해서 특별히 고른 먹이를 가져온다. 이 새들은 상대의 입장에서 판단할 수 있다는 것이 관찰되었다. 즉 이 새들은 자신의 짝이 좋아할 만한 것을 선택한다. 이는 지금까지 인간 그리고 다른 영장류에게만 있다고 여겨졌던 "마음 이론(상대의 관점에서 볼 수 있는 능력)"이 이런 새들에게도 있다는 것을 의미한다.[12]

다른 동물들과 함께 살아가는 인간은 그 동물들의 인사 의식에 변화가 생길 수 있다는 것을 잘 알고 있다. 같은 집에서 사는 동물들은 서로 인사를 나누는 경우가 많고, 친숙한 동물과 낯선 동물에게 대체로 다르게 인사한다. 개는 자신에게 친숙한 개나 사람이 집에 돌아왔을 때, 혹은 낯선 사람이 방문했을 때에도 대단히 열렬한 반응을 보일 수 있다. 인사를 할 때, 개들은 다른 개의 상태와 성격에 대한 정보를 얻기 위하여 킁킁거리며 냄새를 맡는 것을 좋아한다. 일단 다른 개가 괜찮다는 생각이 들면, 놀이는 서로를 더 잘 알아가는 좋은 방법이 될 수 있다. 개들 사이에는 한 가지 형태로 표준화된 인사가 없다. 개들은 상대를 무시하거나 가만히 쳐다볼 수 있고, 꼬리를 흔들 수도 있으며, 개들 가운데 한 마리가 불안해 보이거나 의심스러우면 으르렁거리거나 짖을 수도 있다. 그렇게 인사를 주고받는 과정에서 인간이 이해할 수 있는 것보다 더 많은 정보가 오고 가기도 한다.[13] 예를 들면, 개들은 다른 개들이 으르렁거리는 소리의 의미를 잘 해석한다. 으르렁거리는 소리를 녹음한 것을 이용한 연구에서 개들은 멀리서 듣고도 그 소리가 먹이를 지키기 위한 것인지, 침입자를 저지하기 위한 것인지, 화가 난 것인지를 안다는 것이 증명되었다. 반면 인간은 이런 미묘한 차이를 잘 느끼지 못했다. 개는 행복할 때에는 꼬리를 오른쪽으로 흔들고, 불안하거나 겁을 먹었을 때에는 꼬리를 왼쪽으로 흔든다. 다른 개들은 이에 반응하여, 상대 개가 꼬리를 오른쪽으로 흔들면 아무 문제가 없다고 이해한다. 그러나 꼬리를 왼쪽으로 흔들면 긴장하게 된다. 또한 꼬리의 길이와 위치도 중요하다.[14]

수컷 개코원숭이는 싸움을 하며, 이빨이 날카롭기 때문에 자주 상처를 입는다. 이들은 함께 놀이를 하거나 서로의 털을 골라주지 않는다. 따라서 이들에게 인사는 사실상 유일한 우호적 만남이고, 결과적으로 서로 자주 인사를 나눈다. 이 인사는 꽤 친밀한 행위인데, 종종 다른 개코원숭이의 음경을 손으로 잡거나 그것을 상대의 입에 넣는 것을 허락하기 때문이다. 특히 개코원숭이의 이빨이 날카롭다는 점을 고려하면, 이는 상당히 취약한 부분을 드러내는 행위인 셈이다. 인사 의식은 다음과 같이 진행된다. 한 수컷이 다른 수컷에게 다가와서 위협하는 동작을 취한 다음, 입맞춤을 하듯이 입술을 내민다. 이는 다른 개코원숭이와 인사를 나누고 싶다는 의미이다. 그러고는 눈을 가늘게 뜨고 귀를 머리에 납작하게 붙여서 "유혹하는" 얼굴을 만든다. 상대 개코원숭이는 대개 답례로 같이 입술을 내밀고 시선을 맞추는데, 이는 다른 상황에서라면 싸움을 거는 신호가 된다. 그러면 먼저 인사를 건넨 개코원숭이는 상대에게 뒤를 보이고, 상대는 잠깐 동안 그 개코원숭이의 뒤에 올라타서 음경을 잡아당긴 다음 재빨리 떨어진다. 때로는 역할을 바꿔서 의식을 치르기도 한다. 이 의식은 보통 몇 초밖에 걸리지 않는다. 개코원숭이의 인사 의식을 연구한 인류학자 바버라 스머츠는 그 의식이 사회적 지위, 협조 의지, 나이와 성별에 관한 정보를 전달한다고 말한다. 나이가 많은 수컷들은 대체로 인사 의식을 평화롭게 끝내는 편이다. 반면 젊은 수컷들은 때때로 그들이 인사를 원하더라도 상대방은 그렇지 않은 경우가 있어서, 인사 의식이 더 빨리 끝나기도 한다. 스머츠의 생각에 따르면, 인사는 기본적으로 상대방이 협조할 의지가 있는지를 평가하는 데에 중요하다.[15]

이것은 우리에게 개코원숭이의 인사 의식뿐만 아니라 인사의 기능에 대해서도 가르쳐준다. 스머츠의 말에 따르면, 인간인 우리는 미래에 대한 합의를 할 때에 언어에 크게 의존하지만, 다른 동물들은 그런 합의를 할 수 있다고 믿지 않는다.[16] 그러나 개코원숭이의 인사는 미래에 대한 합의를 보여준다. 인류학자인 스머츠와 마크 베코프, 과학철학자인 콜린 앨런[17]은 개와 늑대 같은 다른 종들의 놀이 행동에서도 이와 비슷한 종류의 사회적 합의가 이루어진다고 주장한다. (이에 관해서는 제6장에서 메타 의사소통을 다루면서 더 자세하게 설명할 것이다.) 때로는 인사가 단순한 인사가 아니라는 점을 이해하는 것이 중요하다. 동물의 인사는 단순한 인사가 아니라 그들의 의도에 대한 정보를 교환하기 위한 경우가 많다. 그러기 위해서 그들도 인간처럼 얼굴 표정, 몸짓, 신체 언어, 소리를 이용한다.

## 정체성

몇 년 전에, 돌고래들끼리 서로 이름을 부른다는 뉴스가 크게 보도되었다.[18] 모든 돌고래들에게는 인간처럼 새로운 돌고래에게 자신을 소개하거나 서로를 부를 때에 내는 독특한 소리가 있다. 이름이 있는 동물은 돌고래만이 아니다. 앵무새도 부모로부터 이름을 얻는다.[19] 다람쥐원숭이에게는 각각의 개체를 부르는 특별한 "애칭chuck"이 있다.[20] 이렇게 서로를 부르는 이름이 있기 때문에 박쥐는 암흑 속에서 함께 지낼 수 있다.[21] 이름은 무리가 클 때에는 특히 유용하다. 이름을 사용하는 것이 편리한 까닭은 다른 누군가를 부를 수도 있고, 내가 다가가고 있음을 알릴 수도 있기 때문이다.

정체성은 소리를 통해서만 전해지는 것이 아니다. 하이에나는 유동적인 사회관계를 이루며 살아가는데, 그 사회에서는 암컷이 주도권을 가지고 있다. 하이에나는 항문샘에서 나오는 냄새 신호를 이용하여 상호작용을 한다. 저마다 배열이 다른 252가지의 냄새 신호는 시간이 흐르면서 바뀌는 개체의 특징을 형성한다. 냄새에는 무리의 다른 일원의 냄새가 덧씌워지기도 한다. 지나가는 다른 무리의 일원은 그 냄새를 맡고 어딘가에서 살고 있는 개체들의 나이, 성별, 지위, 건강, 그리고 어쩌면 그들의 기분까지 파악하여, 그 무리가 전체적으로 얼마나 강한지를 어느 정도 파악할 수 있다.[22] 개를 좋아하는 사람이라면 누구나 알고 있듯이, 개들의 항문샘에서 나오는 냄새도 비슷한 종류의 특징을 형성한다. 소변과 대변도 개체에 대한 정보를 제공한다. 때로 도시에 사는 개들은 그 전에 한번도 만난 적이 없는데도 서로 설명할 수 없는 반감을 보이는 경우가 있다. 그런 개들은 대개 이전에 스쳐지나가면서 맡은 냄새의 흔적으로

서로를 알고, 무엇인가 적대감을 보일 만한 이유를 가지고 있을 가능성이 크다.[23]

많은 동물들은 배설물의 냄새를 이용한다. 이를테면 하마는 대변으로 영역 표시하기를 좋아하고, 토끼도 마찬가지이다.[24] 수컷 바닷가재는 싸움을 할 때, 눈 밑에 있는 작은 관에 오줌을 가득 채워두었다가 상대방의 얼굴에 분사한다. 바닷가재는 자주 싸움을 하며, 싸운 상대를 기억한다. 또한 그들에게는 누가 어디에서 살고 있는지를 인지하고 있는 일종의 마음속 지도가 있다. 가장 강한 수컷만이 암컷과 짝짓기를 할 수 있고, 암컷은 막 탈피를 했을 때에만 짝짓기가 가능하다. 암컷 바닷가재는 수컷의 얼굴에 오줌을 뿌려서 시야를 흐리게 한 다음, 함께 가볍게 춤을 춘다. 짝짓기를 하는 동안에는 수컷이 암컷을 보호하지만, 암컷에게 새 껍데기가 생기면 수컷은 새로운 암컷을 찾아 떠날 수도 있다. 암컷들끼리는 서로 싸움을 하지 않는다.[25]

고양이처럼 뱀도 야콥슨 기관을 가지고 있다. 입천장에 있는 화학적 감각 수용기관인 야콥슨 기관은 동물이 냄새를 맡는 데에 이용하는 후각계의 일부분이다. 동물의 혀에서 감지된 냄새 입자가 야콥슨 기관에 당도하면, 야콥슨 기관에 있는 2개의 구멍을 통해서 세상의 냄새를 입체적으로 맡을 수 있다. 뱀은 야콥슨 기관을 이용하여 포식자와 먹이를 찾아내고, 다른 뱀과 의사소통을 하기도 한다. 뱀이 지나가면서 남긴 자취와 공기 중에 들어 있는 페로몬에는 뱀의 성별과 나이, 임신 여부에 대한 정보가 담겨 있다.[26] 어린 뱀은 뱀들이 함께 동면하는 장소를 찾기 위해서 그 냄새를 따라간다. 아프리카 남부에서 주로 발견되는 독사인 뻐끔살무사는 냄새를 남기기만 하는 것이 아니라 포식자를 속이기 위해서 자신의 냄새를 위장하기도 한다.[27] 뱀은 촉각으로도 의사소통을 하며, 일부 코브라는 낮게 으르렁거리기도 한다.[28]

늑대는 개와 비슷한 냄새 신호를 이용하고, 길게 울부짖는 소리인 하울링도 활용한다. 하울링의 높이와 화음 속에는 그 늑대들 고유의 동질성과 관계를 짐작할 수 있는 실마리가 있다. 늑대는 유대가 강할수록 더 길고 더 큰 소리로 하울링을 한다.[29] 늑대들은 하울링을 통해서 서로의 정보를 공유할 것으로 추측되지만, 우리는 그에 대해서 아직 정확히 알지 못한다. 코요테도 하울링을 하면서 그들의 동질성에 관한 정보를 공유한다. 코요테의 하울링 역시 같은 무리의 일원들을 부르는 방법인 동시에, 다른 무리들에게 그들이 그곳에 있다는 것을 알리는 역할을 한다.[30]

오스트레일리아의 야생 개인 딩고는 유전적으로 늑대와 개의 중간쯤에 있으며, 개 짖는 소리와 하울링 소리 모두를 낼 수 있다. 딩고는 잘 짖지 않는다. 집에 사는 개들보다 짖는 소리가 짧고, 늑대보다 하울링을 덜 한다. 하울링은

(먹이나 서열에 관한 논의를 위한) 개별적인 문제를 다룰 수도 있으며, 그 소리가 멀리까지 전달되기 때문에 오스트레일리아의 황야 지대에서 의사소통을 하기에 좋다. 딩고는 기쁨을 표현하기 위해서 무리 지어 하울링을 하기도 한다. 또한 상대에게 경고를 하기 위해서, 그리고 다른 무리와 대면하지 않고 무리의 크기에 관하여 의사소통을 하기 위해서도 하울링을 한다. 하울링을 하는 딩고의 수가 많아질수록, 하울링 소리는 더 높아진다.[31]

같은 종 안에서도 무리마다 그들끼리만의 사투리를 쓰는 경우도 있다. 고래의 노래는 무리마다 다르다. 때로 고래들은 다른 무리에서 부르는 노래를 따라 부르기도 하는데, 그런 노래가 무리에서 히트곡이 되기도 한다. 앵무새는 20-300마리로 이루어진 공동체 속에서 살아가며, 이 동물들은 모두 제각각 다른 사투리를 쓴다.[32] 어떤 앵무새는 하나 이상의 사투리를 구사할 수 있다. 흰정수리북미멧새는 영역이 대단히 뚜렷하게 나뉘어 있어서, 영역의 경계에 서 있으면 오른쪽과 왼쪽에서 서로 다른 사투리로 노래하는 새소리를 들을 수 있다.[33]

박새에게도 사투리가 있으며, 박새 사회에서의 규범 전파에 대한 연구도 진행되었다. 연구자들은 박새를 포획한 다음, 박새가 특히 좋아하는 먹이인 거저리 애벌레가 있는 새장에 들어가기 위해서는 붉은색이나 푸른색 문을 어떻게 열어야 하는지 가르쳤다. 그런 다음 박새를 다시 야생 개체군으로 돌려보냈는데, 돌아간 박새들은 애벌레를 얻는 방법을 빠르게 전파시켰다. 어느 새가 어떤 문을 통해서 애벌레에 도달하는지는 작은 추적 장치에 기록되었다. 20일이 지나자 박새 개체군의 4분의 3이 애벌레를 얻는 방법을 이해했고, 대다수가 첫 번째 새에게 가르쳐주었던 문을 선택했다. 새장을 치웠다가 1년 후에 다시 설치하자, 박새들은 곧바로 다시 같은 문을 사용하기 시작했다. 그 사이에 원래 개체군에 있던 박새의 5분의 3이 죽었다는 점을 생각하면, 이는 실로 놀라운 일이다. 연구자들은 안정적인 사회집단을 이루며 살아가는 다른 동물들에게도 사회적 규범이 존재할 가능성이 있다고 믿는다. 새로운 기술을 전달하는 행동의 혁신은 개체군의 생존에 도움이 되기 때문이다.[34]

연구자들은 동물이 스스로를 인식하는지를 알아보기 위해서 거울 실험을 개발했다. 이 실험에서는 동물의 이마에 붉은 점을 붙이고, 그들에게 거울을 보여준다. 만약 그 동물이 이마에 붙은 붉은 점을 떼려는 시도를 한다면, 이는 자의식이 있다는 것을 나타낸다. 다시 말하면 거울 속의 모습이 자기 자신이라는 사실을 알 수 있는 것이다. 코끼리, 까치, 침팬지, 돼지, 그리고 많은 다른 동물들에게 이런 자의식이 있는 것으로 밝혀졌다. 그러나 이 거울 실험에는 몇 가지 문제가 있다. 첫째, 피부에 붙어 있는 스티커에 신경을 쓰지 않는 동물도 있다. 둘째, 어떤 문화권에서는 거울 속에 있는 자신을 보는 행동이 예절에 어긋난다고 생각한다. 셋째, 이 실험은 시각보다 다른 감각이 더 중요한 동물에는 적합하지 않다.

첫 번째 문제부터 시작하면, 진흙으로 몸을 식히고 가려움증을 예방하는 코끼리는, 스티커 같은 작은 무엇인가가 피부에 붙어 있어도 크게 신경 쓰지 않는다. 따라서 코끼리는 지능이 높고 사회적인 태도를 가졌음에도 거울 실험에서는 좋지 않은 점수가 나온다.[35] 두 번째 문제는 고릴라의 문화적인 측면에서 찾을 수 있다. 고릴라는 사회성 동물이며 자기 인식을 한다고 간주되지만, 천성적으로 수줍음이 많고 눈을 오래 마주치는 일이 흔하지 않다.[36] 따라서 고릴라 역시 거울 실험 점수가 낮다.[37] 이 실험은 일부 문화권의 어린이들에게도 동일하게 적용된다.[38] 케냐의 어린이는 82명 중 단 2명만이 이 실험을 통과한 반면, 서구 어린이는 거의 예외 없이 이 실험을 통과했다. 이것은 확실한 문화의 차이이지, 인지 능력의 차이가 아니다. 세 번째로, 이 실험은 시각이 발달하지 않은 동물에는 그다지 적합하지 않다. 개들은 시각보다는 냄새에 더 초점을 맞춘다. 따라서 마크 베코프는 거울 실험의 변형인 노란 눈 실험을 고안했다.[39] 개들이 냄새의 세계에서 살고 있다는 사실에 영감을 받은 베코프는 눈밭에서 개 오줌을 수집하여 자신의 개가 어떻게 반응하는지를 조사했다. 실험을 수행한 개인 제스로는 자신의 오줌 냄새를 다른 개의 것보다 훨씬 더 짧은 시간 동안 맡았다. 제스로는 다른 개들의 냄새에 드러난 특징에 자신의 냄새와는 확실히 다른 반응을 보인 것이다.

## 먹이와 사랑

동물이 무리 지어 사는 까닭은 함께 먹이를 찾거나 새끼를 기를 때에 더 안전하기 때문이다. 그러나 집단생활을 하면 먹이가 부족한 시기에 서로 경쟁해야 한다는 단점도 있다.

집단생활을 하는 동물은 종종 이런 문제에 관한 잘 발달된 의사소통 체계를 가지고 있다. 각각의 개미들은 마구잡이로 먹이를 찾아 나서지만, 하나의 콜로니로서의 개미는 먹이 찾기 체계를 활용한다. 이 체계는 다음과 같이 작동한다. 정찰개미들은 먹이를 찾아서 무작위로 돌아다닌다. 무엇인가를 찾으면 집으로 돌아오는 길에 냄새로 흔적을 남긴다. 다른 개미들은 이 흔적을 따라서 먹이가 있는 곳으로 가며, 돌아오는 길에 자신들의 흔적을 남긴다. 그렇게 해서 먹이를 찾으러 가는 길은 점점 더 효율적이 된다.[40] 나이든 개미들은 젊은 개미들보다 먹이를 더 잘 찾고, 가장 빠른 길을 더욱 잘 따라간다.

벌침 없는 벌은 먹이의 위치를 서로에게 전달하기 위한

행동의 종류가 매우 광범위하다.[41] 그들은 춤을 추고, 소리를 내고, 복잡한 화학적 신호를 이용한다. 서로 다른 냄새로 이루어진 화학적 신호는 마치 단어가 모여 문장을 이루는 것과 비슷하다. 벌침 없는 벌의 어떤 종은 그들의 둥지에서 나오는 화학적 신호, 즉 페로몬의 냄새 흔적을 선호한다. 이것은 선천적인 것이 아니라 학습된 것이다.

동물들은 서로 먹이를 나누기도 한다. 부모는 당연히 그들의 자식을 먹이지만, 무리 내의 다른 동물들도 때로는 즉각적인 보답을 받지 못하더라도 서로를 돕는다. 무리의 다른 일원도 똑같이 상호 이타주의적인 유형에 따라서 행동할 것이라고 기대하기 때문이다. 흡혈박쥐는 친밀한 형태의 상호 이타주의를 보여준다. 밤이 되면 피를 먹기 위해서 포유류를 찾아 나서는 흡혈박쥐는 70시간 이상 굶으면 죽게 되므로, 배불리 먹은 박쥐는 무리에 있는 그렇지 못한 다른 박쥐들에게 자신이 먹은 것을 게워서 나눠준다. 이런 일은 대개 친척들 사이에서 일어나지만, 반드시 그런 것은 아니다.[42] 이와 비슷한 태도는 서로 출산을 돕는 로드리게스과일박쥐의 암컷들 사이에서도 발견되는데, 이 박쥐들은 상대가 친척이 아니더라도 서로 돕는다.[43]

경고 소리 역시 상호 이타주의의 한 형태이다. 경고 소리를 내는 동물은 다른 동물을 돕기 위해서 스스로 포식자의 주의를 끈다. 무리에 있는 동물들이 모두 그렇게 한다면,

그 무리는 더 안전해질 것이다. 경고 소리를 내는 동물은 다른 동물들과 일종의 협업을 맺고 있는 것이다. 털 고르기 작업도 비슷한 방식으로 작동하여 개체들 사이의 유대를 강화한다.

식습관 또한 특정 종의 기억에 대해서 우리에게 무엇인가를 가르쳐준다. 침팬지는 맛 좋은 과실나무를 기억해두었다가 3년 뒤에 돌아와서 그 나무에 먹을 것이 더 있는지를 알아볼 수 있다.[44] 주로 과일을 먹는 회색쥐여우원숭이는 나무껍질이나 나뭇잎처럼 더욱 쉽게 구할 수 있는 먹이를 먹는 동물들보다 공간 기억력이 더 뛰어나다. 과일은 특정한 장소에서 1년 중 특정한 시기에만 구할 수 있기 때문에 회색쥐여우원숭이는 먹이의 위치를 더욱 잘 기억하고 있어야 한다.[45] 박새, 까마귀, 어치는 가을에 먹이를 숨겨두고, 어디에 숨겼는지를 기억했다가 겨울에 다시 찾아낼 수 있다.[46] 덤불어치는 누가 지켜보고 있는지에 따라서 먹이를 처분하는 전략이 달라진다. 만약 낯선 덤불어치가 시야에 들어오면, 먹이를 먹어버린다. 낯선 덤불어치가 소리만 들리는 범위에 있다면, 먹이를 매우 빠르게 숨긴다. 마지막으로 친한 덤불어치가 있을 때에는 상대가 보는 앞에서 먹이를 숨기기도 한다. 이런 행동은 덤불어치가 경험적 예측을 활용한다는 사실을 의미한다. 덤불어치는 먹이를 숨기는 모습을 다른 새가 본다면 상대가 그것을 훔칠 수도

있다는 점을 이해하고, 그런 일이 벌어질 수 있음을 예상하는 것이다.[47]

먹이는 한 동물의 권위를 높이고 무리 내에서 그들의 지위를 강화하는 데에 도움이 될 수도 있다. 수탉은 근처에 암컷이 없으면 먹이를 조용히 먹는다. 암컷이 있을 때에는 자신의 위신이 오르기를 바라면서 먹이를 발견했다는 것을 주위에 큰 소리로 알린다. 때로 수탉은 주위에 먹이가 없어도 먹이를 알리는 소리를 내어 암탉을 유인하기도 한다.[48] 이것은 우리를 사랑에 관한 주제로 안내한다. 먹이를 발견했다는 사실을 자랑하는 것은 상대에게 인상을 남기는 한 가지 방법이지만, 다른 새들은 더욱 정교한 형태로 과시를 하기도 한다.

바우어새는 예쁜 것들을 모은다. 달팽이 껍데기, 나뭇잎, 꽃, 플라스틱 조각, 열매즙으로 색을 입힌 돌멩이, 예쁜 것을 모을 목적으로 죽인 것이 확실한 딱정벌레, 심지어 다른 새를 죽여서 얻은 작고 푸른 깃털에 이르기까지, 예쁜 것들을 모아서 둥지를 짓는다. 그런 다음 암컷을 유인하기 위해서 노래하고 춤을 춘다. 암컷은 둥지를 둘러보고 둥지가 마음에 들면 관계를 시작할 것이다. 그러나 암컷의 마음은 쉽게 떠날 수 있다. 그래서 수컷은 둥지를 짓는 데에 오랫동안 공을 들이고 최선을 다해서 춤을 추는데, 다른 수컷의 방해를 받으면 모두 허사로 돌아갈 수도 있다.[49]

앨버트로스는 일부일처제이며, 60년 넘게 살기도 한다. 그래서 짝을 선택할 때에 어떤 위험도 무릅쓰지 않는다. 앨버트로스가 치르는 복잡한 짝짓기 의식은 울기, 바라보기, 가리키기, 깃털 쪼기 같은 의례적인 행동들이 연결된 복잡한 형태의 춤이다. 나이가 더 많은 앨버트로스를 따라 하면 이런 신체 언어의 구조와 원리, 규칙을 더욱 빨리 배울 수 있다. 앨버트로스는 다섯 살이 되면 성적으로 성숙하는데, 그 이후부터는 1년에 몇 달씩 지속되는 짝짓기 철마다 수많은 상대들과 춤을 추면서 춤 실력을 갈고닦는다. 그리고 해가 갈수록 함께 춤을 추는 상대의 수는 줄어든다. 3-4년이 지난 뒤에는 드디어 유일한 참사랑만 남는다. 함께 살게 된 두 새는 몇 년에 걸쳐서 단둘이 구애춤을 추면서 그들만의 언어, 즉 둘만의 독특한 춤을 개발한다. 그 둘은 대부분 평생을 함께 지낸다.[50]

카리브암초오징어의 피부에는 색소세포가 있다. 생물학적인 색소를 담고 있는 이 색소세포는 빛을 반사한다. 그 결과 카리브암초오징어는 색소세포에 부착된 근육을 긴장시키거나 이완시키는 방식으로 몸의 색을 바꿔서, 위장을 하거나 다른 오징어와 의사소통을 한다. 수컷은 짝짓기를 하고 싶은 암컷을 만나면, 피부에 색깔로 무늬를 만들어서 자신의 감정을 나타낸다. 암컷은 수컷의 무늬가 마음에 들면, 자신의 색깔을 변화시켜서 그 마음을 보여준다. 보통 주위에는 경쟁자들, 즉 짝짓기를 하려는 다른 수컷들이 아주 많은데, 카리브암초오징어는 동시에 2가지 의사소통을 할 수 있다. 암컷이 있는 방향으로는 짝짓기를 하고 싶다는 신호로 흰색 줄무늬를 드러내고, 다른 수컷이 있는 쪽을 향해서는 가라는 신호를 보내는 것이다. 만약 수컷이 얼룩말 같은 흰색 줄무늬를 보였을 때에 암컷의 몸 색이 점차 짙어진다면, 그 암컷은 짝짓기를 하고 싶지 않은 것이다. 카리브암초오징어의 색깔 패턴은 변화가 아주 빠르고 꽤 복잡한 편이기 때문에, 인간은 그들 사이에 어떤 정보가 전달되고 있는지를 정확히 알 수 없다. 일부 연구자들은 색깔 변화에 어떤 문법이 있다고 확신한다.[51] 카리브암초오징어는 서로를 완벽하게 이해한다.

색깔도 물고기들 사이에서는 중요한 의사소통 형태이며, 많은 종들이 위장색을 가지고 있다. 산호초에서 사는 물고기들은 색이 밝고 카리브암초오징어처럼 색을 바꿀 수 있다. 또한 (인간은 감지할 수 없는) 자외선을 이용하여[52] 다른 산호초 물고기들과 의사소통을 하기도 한다.[53] 파랑비늘돔의 한 종류는 근처에 포식자가 있으면 꼬리에 눈알 같은 모양이 보이게 수 있다.[54] 카리브암초오징어의 색과 마찬가지로, 물고기의 색 역시 아직까지 인간이 잘 알지 못하는 복잡한 언어로 간주된다. 사랑하는 상대를 유혹하기 위해서(그리고 다른 문제들을 논의하기 위해서), 물고기도 그르렁거리는 소리, 딱딱거리는 소리, "삐끔거리는" 소리를 낸다. 이 소리는 위장 옆에 있는 공기주머니인 부레의 진동으로 만들어진다.[55] 모든 물고기들이 이 소리를 들을 수 있지만, 모두가 낼 수 있는 것은 아니다. 말하기의 즐거움은 종에 따라서 누릴 수 있는 정도가 다르며, 어쩌면 개체에 따라서 다를지도 모른다. 양성대는 가장 수다스러운 물고기로, 거의 온종일 그르렁거린다.[56] 대구는 그 정도로 시끄럽지는 않으며, 암수가 동시에 난자와 정자를 배출할 수 있도록 산란할 때에만 소리를 낸다.[57] 빅아이bigeye라고도 불리는 펨페리스 애드스페르사라는 물고기는 삐끔거리는 소리를 내는데, 다른 물고기들은 이 소리를 모스 부호를 해독하듯이 이해한다.[58]

많은 동물들이 사랑하는 상대의 관심을 끌기 위해서, 그리고 자신의 멋진 면을 과시하기 위해서 춤을 춘다. 농게라는 작은 게의 수컷은 한쪽 집게발이 (체중의 약 3분의 1을 차지할 정도로) 아주 큰데, 자신의 굴 앞에서 큰 집게발로 춤을 추듯이 암컷을 유혹한다. 또한 농게는 큰 집게발로 팔씨름을 하기도 한다.[59] 홍학은 목을 위로 길게 뻗고 종종걸음을 하면서 무리 지어 춤을 춘다. 부리를 높이 치켜들고 머리를 이리저리 흔들며 춤을 추고 나면, 무리는 짝짓기를 위해서 둘씩 갈라진다.[60] 머리는 검은색과 붉은색이고 몸통은 파란색인 창꼬리무희새는 암컷 한 마리를 유혹하기 위해서 무리 지어 나타난다. 이 새들은 암컷이 앉아 있는 나뭇가지에 한 줄로 앉은 다음, 돌아가며 춤을 춘다. 암컷과 가장 가까이에 있는 새가 옆 가지로 넘어갔다가 다시 줄에 합류하고, 그다음 자리에 있는 새가 옆으로 이동하며 마치 컨베이어 벨트 위에 있는 것처럼 행동한다. 그러다가 암컷이 관심을 보이면 우두머리 수컷이 짝짓기를 한다. 다른 수컷들은 아마도 우두머리 수컷의 환심을 사기 위해서 그를 돕거나, 아니면 언젠가는 자신이 우두머리 수컷이 되기를 바라면서 그곳에 있는 것으로 추측된다.[61]

미래의 연인에게 좋은 인상을 주기 위해서 목소리를 이용하는 동물도 당연히 있다. 수컷 판다는 어떤 암컷이 마음에 들면 양의 울음소리와 비슷한 소리를 내고, 암컷도 관심이 있으면 새가 짹짹거리는 것과 비슷한 소리로 화답한다. 때로는 그 결실로 새끼 판다가 태어나기도 한다. (새끼 판다는 기분이 좋지 않으면 "와와" 하고 울고, 배가 고프면 "지지" 하는 소리를 낸다.) 동물원에서 이루어진 최근 연구에서 증명된 바에 따르면, 판다는 유전적인 선택에 기반을 두고 사람들이 짝을 골라주었을 때보다 스스로 짝을 골랐을 때가 임신 확률이 훨씬 더 높다.[62] 중국 연구자들은 판다를 잘 이해하기 위해서 판다 번역기를 연구 중이다. 판다를 더욱 잘 이해하는 것은 판다의 보호에도 도움이 될 것으로 기대된다.[63]

많은 종류의 거미들에게 사랑의 의식은 꽤 위험한 일이다. 수컷 거미는 모험을 떠나기에 앞서서 몸의 전면부에 있는 부속지인 촉지에 정액을 채워야 한다. 이를 위해서 먼저 거미줄에 정액을 한 방울 떨군 후에 촉지로 빨아들인다. 그런 다음 암컷을 찾아 나선다. 수컷 거미의 앞다리에는 암컷이 거미줄을 만들 때에 분비하는 페로몬을 감지할 수 있는 감각기관이 있다. 일단 암컷 거미를 찾으면, 수컷은 경쟁 상대를 쫓아내야 한다. 그래서 때로 수컷 거미는 암컷 거미의 거미줄을 망가뜨려서 다른 거미들이 암컷에게 접근하지 못하게 한다. 만약 다른 수컷이 이미 그곳에 있으면 수컷은 싸움을 시작할 것이다. 그 싸움에서 이기면, 자신이 거미줄에 걸린 먹이가 아니라 짝짓기를 하고 싶은 수컷이라는 것을 암컷에게 알려야 한다. 그래서 무당거미는 리듬에 맞춰 거미줄을 퉁기고,[64] 시력이 더 좋은 늑대거미와 깡총거미는 춤을 춘다. 늑대거미는 종종 거미줄로 포장한 먹이를 선물로 들고 온다. (짝짓기를 정말 간절히 하고 싶지만 먹이를 찾지 못했을 때에는 빈껍데기를 가져오기도 한다.)[65] 그러면 암컷은 짝짓기를 하고 싶은지 아니면 그럴 기분이 아닌지에 따라서, 도망을 갈 수도 있고 거미줄을 진동시켜서 응답을 할 수도 있다. 때때로 수컷은 암컷에게 잡아먹힐 위협을 감수하고 어쨌든 짝짓기를 시도한다.

## 충돌과 복합적인 메시지

자연 다큐멘터리는 동물의 왕국이 폭력적인 장소처럼 보이도록 만들지만, 공격적인 신호는 단순히 상대를 쫓아내서 갈등을 해결하려는 시도일 때가 많다. 싸움은 부상을 야기할 수 있는데, 야생동물은 대체로 의학적인 치료를 받을 수 없기 때문에 다치기라도 하면 위험하다. 따라서 대부분의 동물들은 실질적인 충돌은 피하려는 편이다. 공격적인 의사소통은 대부분 엄포나 쫓아내기의 용도이며, 다른 동물들과 진짜 싸움을 하려는 것은 아니라는 의미이다.

충돌이 일어나면 우리는 주로 언어를 사용하는데, 이는 다른 동물도 마찬가지이다. 도마뱀은 몸으로 의사소통을 한다. 이를테면, 어떤 도마뱀 종은 서로 마주보면서 한쪽이 도망갈 때까지 팔굽혀펴기와 비슷한 동작을 한다. 박쥐들은 서로 날아다니면서 복잡한 조합의 소리를 낸다. 어떤 박쥐는 더 복잡한 방식으로 반응을 하기도 한다. 기니피그는 이빨을 딱딱 부딪쳐서 소리를 낸다. 붉은털원숭이에게는 5가지의 공격적인 소리가 있다. 마카크원숭이는 다른 종류의 공격적인 소리를 낸다.[66] 우리와 더 친근한 고양이는 특정 장소를 차지하거나 다른 고양이를 쫓아내기 위해서 상대를 빤히 쳐다볼 것이다. 고양이가 다른 고양이를 쫓아낸다는 사실조차 모르는 사람들이 많지만, 이는 고양이들 사이에서 매우 의미심장한 상호작용이다.

『인간과 동물의 감정 표현(*The Expression of the Emotions in Man and Animals*)』[67]에서 찰스 다윈은 대조 원리를 통해서 특정 감정들의 표현이 하나의 스펙트럼에서 서로 다른 끝을 나타낸다는 주장을 펼쳤다. 화가 난 개는 몸이 더 커 보이게 하면서 위협적인 자세를 취하고 낮게 으르렁거리거나 짖을 것이다. 겁에 질린 개는 기가 죽어서 몸을 더 작게 만들고 순종적인 태도를 취할 것이다. 실제로 개들이 이런 자세를 취하기는 하지만, 동물들의 메시지는 다윈이 주장한 것보다 더 모호한 경우가 많다. 불안정한 위치에 있는 개들은 공격을 감행하는 경우가 많다. 반면, 우월한 위치에 있는 개들은 상대가 지나치게 덤비지 않는 한 확실히 느긋한 자세를 취한다. 개는 몸을 더 커 보이게 하는 동시에 더 작아 보이게도 만들 수 있다. "놀이 인사play bow"가 바로 그것인데, 다른 개들에게 무엇인가를 권유하는 의미가 있다. 정보는 각각의 자세를 통해서만 전달되는 것이 아니다. 자세의 변화로도 긴장이 점점 쌓이거나 사라지는 상태를 나타낼 수 있다.

일부 생물학자들은 동물이 내는 소리에도 다윈의 원리를 적용할 수 있다고 주장한다. 으르렁거림과 같은 낮은 소리는 분노와 지배를 나타내는 반면, 낑낑거림과 같은 높은 소리는 공포를 나타낸다는 것이다. 슬로보치코프의 글에 따르면, 확실히 이런 식으로 작용하는 경우가 있기는 하지만 항상 그런 것은 아니다. 많은 반려동물들이 낮고 화가 나 있는 인간의 목소리는 지배나 처벌을, 높고 다정한 목소리는 격려를 의미한다고 이해한다. 인간 역시 낮은 목소리를 더 강압적이라고 인식한다. 1960년 이후에 실시된 미국의 모든 대통령 선거에서는 목소리가 낮은 후보가 승리를 거두었다. (유일한 예외가 엘 고어였는데, 그는 사실상 득표수는 더 많았지만 선거인단 수에서 밀렸다.) 여성 차별이 기본적으로 젠더의 문제가 아니라 목소리와 키, 그외 인간에게 자신감을 불어넣는 신체적인 특징의 문제라고 믿는 사람들도 있다. 그런 요소들이 우리에게 자신감을 불어넣는다는 생각 역시 당연히 젠더에 관한 생각과 연결되어 있다.

와피티사슴과 붉은사슴은 비슷하게 생겼지만 매우 다른 소리를 낸다. 와피티사슴의 소리는 진동수가 아주 높고, 마지막에는 마치 손톱으로 칠판을 긁는 듯한 소리가 난다.[68] 낮고 울리는 소리를 내는 붉은사슴은 상대의 몸집에 맞춰서 음 높이를 조절하는데, 상대의 몸이 클수록 더 낮은 소리를 낸다.[69] 흰코코아티가 내는 소리에는 공격적인 낮은 소리와 우호적인 상호작용을 위한 더 높은 소리가 있는데, 이 2가지 소리를 양극단으로 하여 그 사이에서 조화로운 변주가 광범위하게 이루어진다. 따라서 낮은 소리가 항상 공격성을 의미한다거나 높은 소리가 항상 호의나 공포를 의미한다는 단순한 가정으로는 설명되지 않는다.[70] 그런 가정은 너무 단순하며, 동물의 메시지가 매우 간단해 보이게 한다.

## 의사소통과 언어의 차이

많은 사람들이 의사소통과 언어를 구별하며, 동물은 의사소통만 할 수 있는 반면 인간은 2가지 모두가 가능하다고 믿는다. 슬로보치코프에 따르면,[71] 동물행동학자들은 의사소통을 발신자, 수신자, 신호라는 3가지 요소로 이루어진 닫힌계라고 생각한다. 닫힌계에서는 모든 것들이 본능을 토대로 발생하며, 동물은 미리 프로그래밍된 방식대로 반응한다. 가령 먹이가 되는 동물은 포식자가 다가오는 것을 보면 얼어붙은 것처럼 꼼짝도 하지 않고, 포식자가 더 가까이 다가오면 달아난다. 포식자와의 거리는 내재된 반응을 일으킨다. 반면 언어는 동물의 내면 세계와 외부 세계에 관한 질문과 응답에 대하여 다양한 선택권을 제시하는 열린계이다. 동물은 주어진 상황을 창의적으로 처리하여 의미 있는 선택을 할 수 있다.

오래 전에 절멸한 네안데르탈인을 포함하여, 모든 척추동물 종에는 $FOXP_2$ 유전자가 있다.[72] 언어 유전자라는 이름으로 더욱 잘 알려져 있는 이 유전자는 언어만 담당하는 것이 아니라 학습 형태와도 연관이 있다. 그렇다고 무척추 동물에게 비슷한 유전자가 없다는 이야기는 아니다. 때로 우리는 각기 다른 방향으로 진화해온 동물의 몸에서 같은 문제에 대한 다른 해결책을 보고는 한다. 그런 사례들 중의 하나가 새와 인간의 뇌이다. 진화적으로 볼 때, 조류와 포유류는 수백만 년 전에 갈라졌지만, 여전히 두 종은 비슷한 반응을 보일 수 있다. 조류의 뇌는 포유류의 뇌와 그다지 비슷하지 않지만, 조류의 뇌에서는 포유류의 뇌에서와 동일한 종류의 지적 반응이 일어날 수 있다.[73]

진화적인 관점에서 볼 때, 인간에게 언어가 있는데 다른 동물에게는 비슷한 무엇인가가 없다는 것은 이상한 일이다. 언어와 본능에 기초한 의사소통 사이에는 단단한 경계가 있기 때문이다. 일찍이 다윈은 인간과 다른 동물은 정도의 차이만 있을 뿐, 종류가 완전히 다르지는 않다고 주장했다. 동물의 감정과 도덕성과 정의를 연구하는 마크 베코프는 이런 관점에 따라서, "만약 우리에게 특별한 것이 있다면 그들에게도 있다"고 주장한다. 다시 말하면, 인간이 희로애락을 느낀다면 다른 동물도 마찬가지이며, 그 방식이 정확히 똑같지는 않더라도 같은 선상에 있다는 것이다.[74]

슬로보치코프의 주장에 따르면, 언어의 기반은 특정 맥락 안에서 한 동물로부터 다른 동물에게로 전달되는 의미 있는 신호이다. 이는 학습되는 것일 수도 있고 본능일 수도 있으며, 둘 다일 수도 있다. 그리고 우리는 인간과 다른 동물에서 그런 신호를 볼 수 있다. 인간의 경우, 웃음 같은 표정은 타고나는 것이지만 특정 상황에서는 문화를 통해서 배우기도 한다. 앞에서 확인했듯이, 동물의 신호는 무작위로 나오는 것이 아니다. 미국박새, 닭, 꿀벌, 도마뱀, 늑대, 프레리도그의 사례처럼 어떤 구문 규칙을 따르는 순서가 있을 때도 있다. 문법이 있는 동물의 언어도 많다. 진화적인 관점에서 보면, 이것은 일리가 있다. 모든 종류의 동물들은 정보를 통합하고 분류하고 체계적으로 정리하기 위해서 언어를 사용하며, 이것을 가능한 한 효율적으로 사용하는 것이 중요하다.

언어학자인 찰스 하킷은 1960년대에 언어가 언어이기 위해서 충족되어야 하는 13가지 기준을 내놓았다. 이 기준은 동물의 언어에 대한 논의에서도 여전히 언급된다.[75] 처음 6가지 특징은 언어뿐만 아니라 대부분의 의사소통 체계에도 적용될 수 있으며, 다른 동물의 언어에서도 발견된다는 사실에 아무런 이견이 없다. 이 6가지 특징은 정보를 주고받기 위한 감각계, 신호를 보내고 받을 수 있는 능력, 신호를 사라지게 하여 새로운 신호를 보낼 수 있는 능력, 같은 종에 속하는 다른 개체의 신호를 이해하는 능력, 자신의 신호를 인식할 수 있는 능력, 정보 전달을 위해서 특화된 체계이다. 그러나 이 특징들을 제외한 다른 특징이 비인간 동물에게 적용될 수 있는지에 대해서는 논쟁이 진행 중이다. 일곱 번째와 여덟 번째 특징인 의미론과 임의성은 의미에 관한 것이다. 의미론에서는 단어의 의미를 다룬다. 임의성이란 단어는 추상적인 상징일 뿐이며, 그것이 나타내는 것을 그대로 투영하지는 않는다는 뜻이다. 그외 다른 특징으로는 (단어처럼) 별개의 단위로 들어오는 상징, (음절처럼) 그 자체로 단위가 되는 상징이 있다. 나머지 3가지 특징은 새로운 단어를 만들 수 있는 하나의 의사소통 체계, 문화나 전통을 통해서 이루어지는 전파, 다른 장소나 다른 시점에 일어난 사건의 정보를 전달할 수 있는 의사소통 체계가 있다.

문화적 전파는 다수의 종에게서 증명되었다. 조류 중에는 부모로부터 노래를 배우는 종들이 많다. 동물 무리의 사투리도 이런 전파에 대한 이해에 어느 정도 도움을 준다. 단위가 모여서 단위를 이루고, 그 단위들로 구성된 언어는 프레리도그의 언어와 특정 조류의 언어에 적용된다. 그 소리들에 의미가 있다는 것은 경고 소리에 대한 논의에서 분명하게 드러난다. 그 의미가 어느 정도까지 임의적인지, 그리고 추상적인 상징을 지칭하는지는 분명하지 않지만, 그럴 가능성은 확실히 존재한다. 영장류나 앵무새인 알렉스와의 의사소통에서 동물이 새로운 단어를 만들거나 새로운 사물과 상황을 나타내기 위해서 단어를 조합할 수 있다는 것이 확실해졌다. 프레리도그의 "타원형의 알 수 없는 위협"이라는 경고 소리는 정확히 그런 조합이다. 이것이 동물의 종 특이적 언어에 새로운 단어의 조합이 자주 일어난다는 사실을 증명하는 것은 아니며, 이에 대해서는 아직까지 알지 못한다. 그러나 다른 동물에게도 그럴 능력이 있다는 것은 충분히 보여준다. 동물의 의사소통 체계에서 과거나 미래에 초점을 맞추거나 다른 장소에 관한 논의를 하는 능력은 인사와 놀이 행동에 관한 연구를 통해서 증명되었고, 고래와 코끼리에게서 그런 정보 교환이 일어난다는 징후가 발견되었다.

동물의 언어가 언어가 맞는지에 대한 분석을 추가적으로 진전시키기 위해서, 슬로보치코프는 재귀적 반복을 언어의 중요한 특징으로 보는 현재의 논의에 주목한다. 언어에서 재귀적 반복은 문장 속에 새로운 문장을 넣어서 의미를 추가할 때에 일어난다. 이를테면, "에바는 코끼리가 진동수가 낮은 소리를 이용하여 정보를 전달한다고 말한다"라는 서술에서 "코끼리가 진동수가 낮은 소리를 이용하여 정보를 전달한다"라는 문장은 더 큰 문장 속에 들어 있다. 일부 언어학자들은 이것을 인간 언어의 가장 중요한 특징이라고 생각한다. 코끼리의 사례에서 드러난 것처럼, 코끼리의 언어에는 이런 특징이 적용될 가능성이 꽤 높으며, 다양한 조류의 언어에서도 이러한 사실이 확실히 증명되었다.[76]

슬로보치코프가 추가한 두 번째 특징은 효율성이다. 효율성은 한 언어가 얼마나 정확한지를 나타낸다. 어떤 개념이나 사물을 확실하게 나타내는 단어가 있다면, 무엇인가를 묘사하기 위해서 한 단락을 할애했음에도 흐릿한 윤곽밖에 나타내지 못하는 문장보다 훨씬 더 정확할 것이다. 그는 다른 동물들도 이런 효율성이 매우 좋다고 말한다. 이를테면, 프레리도그는 아주 짧은 순간 동안 지속되는 하나의 경고 소리로, 매가 덮치려고 내려오고 있으니 몸을 숨겨야 한다는 것을 주변의 프레리도그에게 알릴 수 있다. 인간은 그 시간 동안 "조심해!" 또는 "위!" 같은 소리를 외칠 수 있을 뿐이다.

물론 앞에서 논의한 사례들이 이 기준들을 모두 충족시키는 언어를 가진 동물이 있다는 확실한 증거가 되지는 않는다. 사실 갈 길이 아주 멀다. 아직 초기 단계이기는 하지만 이런 연구는 동물도 의사소통을 한다는 것을 보여준다. 그리고 그 방식은 지금까지 우리가 생각했던 것보다 더욱 복잡하며, 다양한 종에서 인간의 언어와 같은 특징들이 나타나고 있다. 이런 결과는 인간 언어의 예외성을 의심스럽게 하고, 언어란 정확히 무엇이며 누가 언어를 결정하는지에 대한 의문을 불러일으킨다. 어쩌면 동물의 언어 속에는, 인간의 언어에는 없는 특성이 있을지도 모른다. 나는 색깔 패턴이나 화학적인 냄새 신호를 통한 의사소통에서 전달되는 미묘한 차이를 우리가 진정으로 이해할 수 있을지 의심스럽다. 인간이 내리는 언어에 관한 정의는 언제나 인간의 기준에 맞춰서 결정되었다. 그러므로 다른 동물의 언어에 관해서 생각할 때에는 다른 특징들을 포함시켜야 한다. 그러나 앞에서 다루었던 특성에 대한 연구가 무의미한 것은 아니다. 다른 동물들의 언어 구조와 인간의 언어 사이의 유사점에 대한 통찰을 얻을 수 있기 때문이다. 그렇게 되면 그들의 사회적 상호작용과 그들의 삶에 대한 통찰을 얻을 수 있고, 연구할 만한 다른 문제들을 찾아낼 수도 있을 것이다.

# 동물과 함께 살아가기

집중적인 훈련을 받은 보더콜리 체이서는 3년 안에 1,022개의 장난감 이름을 익혔다. 체이서의 어휘력은 세 살배기 인간 아이보다 더 뛰어났다. 이 개는 요청받은 장난감을 가져올 수 있을 뿐만 아니라, 공은 공끼리, 인형은 인형끼리 분류하는 등 장난감을 종류별로 나눌 수도 있다. 또한 단어가 물체를 나타낸다는 점과 특정한 구두 명령이 물체를 나타낸다는 것, 이름이 물체와 범주를 나타낼 수 있다는 사실을 이해한다.[1] 체이서는 기억력이 좋다. 체이서의 훈련사이자 반려인인 존 필리는 그 물체들을 기억하기 위해서 이름을 적어놓아야 했다. 체이서는 추론도 할 수 있다. 새로운 단어를 들으면 이름을 이미 알고 있는 물체를 제외시킴으로써 그 단어가 가리키는 물체를 찾아낼 수 있다. 이 연구는 동물에게 인간의 말을 가르치려는 기존의 언어 숙련도 연구와 비슷하지만, 체이서에게 인간의 말을 시키려는 시도는 전혀 하지 않는다는 점에서 다르다. 체이서가 배운 단어들은 사물과 연관되어 있으므로 이 실험은 다른 기준, 즉 언어의 이해는 물체의 분류와 가져오기라는 맥락 안에서의 이해를 의미하며, 추상적인 개념의 학습을 의미하지 않는다는 기준에 따라서 정의된다.

체이서가 단어 학습을 시작한 지 3년이 지나자, 필리는 이 실험에 싫증이 났다. 필리는 체이서가 훨씬 더 많은 단어들을 수월하게 배울 수 있다고 생각하고, 체이서와 함께 문법을 공부하기 시작했다. 체이서는 단순한 문법으로 이루어진 문장을 이해했다.[2] 기린 인형을 표범 인형에게 가져다주라고 하면 그렇게 했다. 표범 인형을 기린 인형에게 가져다주라고 할 때에도 마찬가지였다. 개들이 단순한 문자를 이해한다는 것은 이전의 연구에서 이미 증명되었다. 대부분의 평범한 사람들도 그들의 반려동물이 "공 가져와!" 또는 "이리 와" 같은 말에 반응한다는 것을 알고 있다. 그러나 체이서는 이런 종류의 문법에 대한 이해를 직관적으로 보여주었고, 필리는 보상을 통해서 그 이해를 더 발달시켰다. 필리는 문법을 이해하는 체이서의 재능이 품종과 어느 정도는 연관이 있다고 믿는다. 보더콜리는 양을 돌보는 일을 하기 위해서 교배된 품종이므로, 양떼에서 눈을 떼지 않으면서 인간에게 집중해야 했다. 보더콜리가 이런 종류의 지식을 훨씬 더 빨리 습득할 수는 있지만, 필리는 다른 견종도 같은 능력을 가지고 있을 것이라고 가정한다. 개들 중에서 체이서만 어휘력이 뛰어난 것은 아니다. 독일의 보더콜리인 리코는 300개의 단어를 배웠고 물건을 종류별로 나눌 수 있었다.[3]

개와 인간은 함께 진화했기 때문에 두 종 사이의 관계는 특별하다. 오랜 역사를 공유하면서 가축화되는 과정을 거치는 동안, 인간과 개는 서로에게 결속되고 문화의 일부가 되었다. 개들은 인간과 의사소통을 하기 위해서 짖기 시작했고, 인간은 그 소리에서 의미를 찾는 방법을 배웠다.[4] 인간은 녹음되어 있는 개 짖는 소리를 들으면, 반려견이 없는 사람이라도 그 개의 기분을 알 수 있다. 또한 녹음된 소리에서 개가 얼마나 으르렁거리는지에 따라서 그 개가 무엇을 원하는지도 이해할 수 있다. 개는 인간 얼굴의 일부를 사진으로 보여주면 사진 속에 있는 사람의 기분이 어떤지를 판단할 수 있고, 목소리를 들려주면 한결 더 쉽게 해석할 수 있다. 이는 대체로 가축화의 결과이다. 개는 야생에서의 친척인 늑대에 비해서 인간의 몸짓과 표정을 훨씬 더 잘 읽을 수 있다. 만약 인간이 먹이를 숨겨놓은 컵과 아무것도 없는 컵 2개를 양옆으로 나란히 놓으면, 개는 인간의 지시에 따라서 행동한다. 인간이 왼쪽 컵을 가리키면, 개는 그 컵의 냄새를 먼저 맡을 것이다. 반면 늑대는 인간의 지시를 무시하고 코를 사용할 것이다. 이 실험은 온갖 다양한 방식으로 변형되어 실행되었다. 늑대는 인간의 손에 길러졌더라도 인간의 신체적 설명에 대한 감수성이 부족하다. 이는 감수성이 가축화와 연관이 있으며, 훈련의 문제가 아니라는 것을 보여준다.

아마추어 개 훈련사들 사이에서는 늑대의 행동을 토대

로 개의 행동을 설명하려는 시도가 인기를 끌고 있는데, 그들은 가축화 과정이 개의 신체뿐만 아니라 정신도 변화시킨다는 것을 종종 망각한다. 이와 같은 서로에 대한 관심은 우리, 즉 인간과 개가 함께 살아오면서 단순히 학습을 통해서 습득된 것이 아니다. 수천 년의 역사를 공유하면서 우리는 유전적으로도 서로에게 영향을 주었다. 이를 보여주는 가장 좋은 연구 사례가 있다. 최근 연구를 통해서, 서로 좋아하는 인간과 개가 서로를 바라볼 때에는 둘 다 몸에서 옥시토신oxytocin이 만들어진다는 것이 밝혀졌다. 옥시토신은 인간이 사랑하는 대상을 보거나 안을 때에 만들어지는 포옹 호르몬이다.[5]

생물학자이자 과학철학자인 도나 해러웨이의 지적에 따르면, 개들은 가축화 과정에 적극적으로 참여함으로써 사회문화적 관점과 개체 수준 모두에서 가축화의 결과를 형성하는 데에 도움을 준다. 해러웨이는 그녀 자신과 반려견인 카옌페퍼와의 관계를 본보기로 이용한다. 카옌페퍼는 해러웨이의 삶의 일부이며, 둘이 함께하는 일은 그들의 유대와 그들이 공유하는 세계를 더욱 강력하게 만든다. 둘은 장애물 경기인 어질리티agility 훈련을 함께하는데, 어질리티는 개뿐만 아니라 인간 역시 온갖 종류의 새로운 기술을 배워야 하는 운동이다. 이 훈련으로 해러웨이도 주변 세계에 대한 인식이 바뀌었다. 그 이유는 해러웨이의 농담처럼 그녀가 개를 닮아가기 시작해서 아니라, 새로운 지식과 경험을 통해서 세계관이 풍부해졌기 때문이다. 우리가 개와 함께 무엇인가 새로운 일을 배우면, 개는 새롭게 벌어지는 일에 영향을 준다. 그리고 그 결과 우리의 세계관에도 영향을 준다. 해러웨이는 이런 상호작용의 신체적이고 물질적인 특성을 강조한다. 개와 함께하는 활동이 인간의 몸과 마음에 변화를 가져온다는 것이다. 인간은 단순히 "뇌가 달린 허수아비"가 아니다. 우리는 페로몬과 옥시토신에 반응하고, 우리의 신체 반응에 대한 신호를 보낸다.

말은 다른 동물과 함께하는 세계를 형성하는 데에도 한몫을 한다. 개 훈련사이자 철학자인 비키 헌은 우리가 비인간 동물에게 단어를 가르칠 때에는 그 동물의 세계와 인간의 세계가 더 커진다고 주장한다.[6] 그녀는 비트겐슈타인의 말을 인용하여, 우리가 새로운 언어 게임을 배울 때에 "우리는 어둠을 읽는 방법을 배운다"고 쓴다. 이는 개와 인간이 어떤 개념이나 단어를 정확히 같은 방식으로 이해한다는 의미가 아니다. 인간은 방향을 찾을 때에 주로 눈을 이용하는 반면, 개는 코를 이용한다. 개는 인간보다 시력이 6배 정도 더 나쁜 편이고, 색맹은 아니지만 알아볼 수 있는 색의 수가 더 적다. 그러나 인간보다 냄새를 1,000-100만 배까지 더 잘 맡을 수 있다. 정확한 수치는 알려지지 않았기 때문에 이는 추정일 뿐이고, 후각 능력은 견종에 따라서 다르다. 예를 들면 주둥이가 긴 개들은 퍼그나 불도그에 비해서 냄새를 더 잘 맡는다. 우리는 시각을 통해서 자신의 위치를 알지만, 개는 냄새 지도를 만든다. 또한 개는 여러 냄새가 뒤섞여 있어도 각각의 냄새를 알아낼 수 있다. 우리가 완두콩 수프의 냄새를 맡을 때, 개는 당근과 부추와 완두콩과 다른 재료들의 냄새를 맡는다. 개를 이해하려면, 인간은 이런 사실들을 명심해야 한다. 개와 인간이 함께 가벼운 등산을 할 때, 둘은 각자 다른 방식으로 주위 환경을 경험한다. 인간은 눈으로 보면서 길을 찾는다. 개는 코를 이용한다. 그러나 둘은 같은 과제를 수행하고 있으며, 행동은 경험과 실천을 통해서 의미를 얻는다.

언어 게임을 배우면 동물과 인간의 세계가 더욱 풍부해진다. 그리고 헌은 언어 게임이 동물과 인간 사이에 더 복잡한 방식의 의사소통을 가능하게 해준다고 말한다. 그 예로는 인간이 개에게 무엇인가를 가져오도록 가르칠 때를 들 수 있다. 헌은 자신의 반려견인 포인터, 솔티에게 아령 장난감을 가져오도록 가르쳤다. 이 언어 게임을 가르치는 동안, 헌은 솔티가 자신의 생각을 마음껏 표현할 수 있게 해주었다. 솔티는 다른 물건을 가져오거나, 아령을 다른 사람에게 가져다줄 수도 있다. 그러나 그것은 창의성을 보여주거나 장난칠 기회를 솔티에게 주기도 했다. 한번은 아령을 가져오라고 하자, 쓰레기통 뚜껑을 가져온 적도 있었다.

헌은 언어 게임의 학습에 서열이 있다는 것을 안다. 무엇을 어떻게 배울지를 결정하는 쪽은 인간이다. 그러나 서로 다른 종이 참여하는 언어 게임은 정확한 형태가 사전에 결정되지 않는다. 이는 오히려 인간이나 개가 시작하는 하나의 대화라고 볼 수 있다. 상대가 응답을 하면, 처음에 대화를 시작한 쪽이 그 응답에 다시 반응하고, 그렇게 계속 이어지는 것이다. 개는 수동적으로 정보를 수용하기만 하는 것이 아니라, 행동을 통해서 상호작용의 형태에 영향을 줄 수 있다. 이 과정은 끝이 정해져 있지 않다. 오랜 기간을 함께 지내온 인간과 개 사이에서는 공동의 이해가 계속 커질 수 있다.

인간과 다른 동물들은 특별한 사회적 맥락 속에서 태어난다. 환경은 우리를 형성하고, 우리는 그 환경을 형성한다. 우리가 환경을 형성하는 방법 중의 하나가 바로 언어의 사용이다. 언어는 우리 자신과 우리를 둘러싼 세계를 이해하는 방법이다. 우리는 다른 이들에게 영향력을 행사하기 위해서도 언어를 사용한다. 독일의 철학자인 하이데거는 언어와 세계를 "다기원적equiprimordial", 즉 똑같이 근원적인 것이라고 보았다.[7] 여기서 그는 세계가 있기 전에는 언어도 없고, 언어가 있기 전에는 세계도 없다는 의미로 이야기한다. 세계가 발전하는 까닭은 우리가 스스로를 표현하고 그것에 의미를 부여하기 때문이다. 다시 말하면, 세계가 있다는 사실은 우리가 스스로를 표현하고 의미를 부여할 수 있다는 뜻이 된다. 하이데거는 비인간 동물은 이 세상에서 스스로를 자아로서 이해할 수 없으므로 언어가 없을 것이라고 믿었다. 이런 그의 생각에 토대가 된 것은 당시의 생물학자들, 특히 야코프 폰 윅스퀼의 연구였다. 폰 윅스퀼은 동물이 모두 그들의 주변 세계 안에 고정되어 있다고 생각했다.[8] 이런 환경은 동물이 스스로 감각을 이용하여 찾아낸 상황에 의해서 결정되므로, 동물마다 다르다. 거미는 거미로서 세상을 인식하고 거미로서만 생각할 수 있다. 하이데거에 따르면, 인간은 그것을 초월할 수 있는 유일한 동물이다. 인간은 즉각적인 경험 너머의 세계를 생각할 수 있고, 그것을 언어로 표현할 수 있다. 그러나 앞에서 다룬 사례들을 보면 현실은 훨씬 더 복잡 미묘하다. 다른 동물들도 그들만의 언어로 그들을 둘러싼 세계를 이해한다. 인간이 인간으로서 자신을 진정으로 이해하고 있는지 역시 의심스럽다.

심지어 하이데거는 동물에게는 죽음을 나타내는 언어에 관한 개념이 없다고까지 썼다. 그렇기 때문에 동물은 죽을 수도 없고, 그저 사라질 뿐이라고 했다. 이런 이야기는 그럴싸해 보일 수도 있다. 동물은 유언을 남기지도 않고, 그들이 언젠가는 죽어 없어진다거나 죽음이라는 추상적인 개념을 알고 있다는 것을 우리에게 언어로 나타내지도 않는다. 그러나 만약 이러한 논리를 이용한다면, 우리 인간이 죽을 수 있는지에 대해서도 의문이 생긴다. 우리는 죽은 사람은 결코 돌아올 수 없고, 시신은 살아 있지 않다는 것을 안다. 그러나 이런 지식이 삶과 죽음이라는 거대한 불가사의를 해결해주지는 않는다. 우리는 죽음이 무엇인지를 정확히 알지 못하고 그렇기 때문에 죽음 이후에 일어나는 일에 관한 이야기들을 흥미롭게 느끼는 것이다. 동물은 인간과는 다른 방식으로 자신을 표현한다. 그러나 관계에 의미를 부여하고, 의사소통을 통해서 자신과 세계를 이해하며, 동시에 그 세계를 형성하는 데에 하나의 역할을 한다는 점에서는 비슷하다. 까마귀, 코끼리, 그외 다른 동물들에게는 죽은 동료에게 관심을 보이고 애도하는 의식이 있으며, 많은 동물들이 무리의 일원이었던 동물의 시신을 보살핀다. 우리가 그런 행동의 가치와 깊이를 평가할 수 있을 정도로 그들을 아직 충분히 이해하고 있지는 않지만, 그들이 죽음을 이해하지 못한다고 단정 짓는 것은 섣부른 판단이다.[9]

## 가축화

가축화는 하나의 유기체 집단이 그들의 이익을 위하여 여러 세대에 걸쳐서 다른 유기체 집단의 번식에 유의미하게 영향을 미치는 관계로 묘사된다. 인간이 다른 동물 종의 가축화를 정확히 언제, 그리고 어떻게 시작했는지에 관해서는 다양한 가설이 존재하며, 그 증거들은 대부분 다양한 해석이 가능하다. 일반적으로 야생에 살던 개의 선조, 즉 공통 조상인 늑대는 1만1,000-3만2,000년 전에 먹이를 구하기 위해서 인간의 거주지로 왔을 것으로 간주된다. 이런 맥락에서 인간의 배설물은 그들에게 중요한 먹이였을 것이다. 인간은 개들이 주변을 지키는 일에 도움이 된다는 사실을 알고, 개들을 더 가까이 불러들였을 것이다. 인간과 더 친한 개들은 더욱 가까이 머물면서 짝짓기를 하고, 인간과 더 친한 자손을 만들었다. 개들은 세대가 거듭될수록 인간에게 점점 더 익숙해졌다. 이 과정을 누가 먼저 시작했는지에 대해서는 의견이 갈린다. 어떤 사람들은 인간이 개를 길들였다고 믿는다. 어떤 사람들은 개가 자발적으로 인간에게 다가와서 가축이 되기를 스스로 선택했다고 생각한다. 길들여진 것은 개가 아니라 인간이며, 인간의 언어도 개를 부르는 과정에서 발달했다고 주장하는 사람도 있지만, 이 해석에는 논란의 여지가 있다.[10]

야생의 친척에 비하면 가축화된 동물은, 어린 시기의 특징을 더 많이 유지하고 있다. 가축화된 변종에서는 장난기, 낯선 사람에게 우호적인 성향, 무엇인가를 찾으려는 욕구, 큰 눈, 축 처진 귀, 몸집에 비해서 큰 머리, 새로운 상황에 대한 뛰어난 적응력 따위를 볼 수 있다. 이런 현상은 유형성숙neoteny이라고 불린다. 유형성숙은 개와 늑대, 보노보와 침팬지, 인간과 인간의 조상을 비교해보면 관찰할 수 있다. 진화론은 때로는 적자생존처럼 간주된다. 그러나 다윈은 많은 종의 생존에 협동과 공감과 연대가 필요하다고 지적했다. 친절하면 덕을 본다. 변화하는 환경에 적응하는 능력도 진화의 관점에서 볼 때에는 중요한 특징이다. 그래서 일부 과학자들은 개와 같은 특정 종들은 인간이 어떠한 사육 계획을 시작하기 전에 스스로 가축이 되었다고 믿는다. 같은 가설은 인간에게도 적용될 수 있다. 인간은 점점 더 커져가는 사회에서 제 역할을 하기 위하여 적응하는 과정을 거치면서 "야생"의 특성을 어느 정도 잃었다.[11]

가축으로 길들여지거나 자발적으로 가축이 된 동물은 종종 인간에게 의존해서 먹이를 얻고, 인간에게 크고 작은 보살핌을 받는다. 이는 야생동물에 비하여 인간-동물의 상호작용이 훨씬 더 많이 요구된다. 이런 공동의 역사를 통해서, 인간과 가축은 서로에게 맞추어왔다. 동물에 대한 개개인의 지식과 관계없이 우리는 하나의 종으로서, 그리고 문화의 일부로서 다른 동물과 얽히게 되었다. 인간은 종종 다른 동물들은 자연의 일부이고, 인간에게는 문화가 있다고 생각한다. 그러나 동물들도 그들만의 문화가 있으며 때때로 인간 공동체의 일부를 이룬다. 그리고 인간도 여느 동물과 다름없는 동물이며, 자연의 일부이다. 해러웨이는 자연과 문화가 서로 연결되어 있다는 점을 설명하기 위해서 "자연문화"라는 단어를 쓴다.[12] 가축은 동물 또한 우리 문화의 일부이며, 가축화에도 다양한 방식이 있다는 것을 보여준다. 자연과 문화 같은 개념의 의미도 시간이 흐르면서 달라진다. 어떤 사람은 현재를 인간에 의해서 결정되는 시대라는 의미로 인류세Anthropocene라고 부른다. 이는 거의 모든 것이 문화와 관계가 있는 것처럼 보이게 만들 수도 있지만, 이와 동시에 자연은 종종 우리 인간 역시 자연에 속한다는 것을 보여준다. 이를테면 우리는 질병을 통해서 우리 몸이 실존한다는 사실과 직면할 수도 있고, 지진을 통해서 우리가 더 큰 세계의 일부라는 점을 새삼 깨달을 수도 있다.

## 나는 여기에 있어! 너는 어디에 있니?

영국의 자연학자인 렌 하워드는 1950년대 당시의 조류 연구 방식이 현실을 왜곡한다고 생각했다. 새들은 실험실에서 연구되었고, 실험은 반복되도록 설계되었다. 이런 연구 방식의 배경이 되는 철학을 행동주의라고 한다. 행동주의는 자연과학에서 이끌어낸 방식으로, 행동의 예측과 통제에 초점을 맞춘다. 이 접근법에서는 인간과 비인간 동물의 마음을 검은 상자로 보고 연구한다. 이 검은 상자의 내용물은 영원히 알 수 없으며, 각각은 서로 관계가 없다. 여기에서 측정 가능한 과학적 가치를 지닌 것은 겉으로 드러나는 반응뿐이다. 행동에 대한 묘사는 금물이다. 하워드는 야생 조류가 인간을 무서워한다는 점을 지적했다. 따라서 실험실에서의 생활은 야생 조류에게 큰 긴장을 유발한다. 불안한 새는 편안한 상태의 새와는 다른 반응을 보이며, 이런 점이 연구 결과에도 영향을 준다는 것이다. 또한 날아다니지 못하거나 사회적 접촉을 하지 못한다는 점도 연구 결과에 영향을 끼친다.

생물학자가 아니라 새를 사랑하는 비올라 연주자였던 하워드는 다른 방식의 접근법을 시도하기로 결심했다. 그녀는 런던 남쪽에 위치한 디츨링 근처에 작은 집이 딸려 있는 땅을 구입했다. 그녀의 계획은 가능한 한 새들이 살기에 안전한 환경을 만들어서 신뢰를 기반으로 새들을 연구하는 것이었다. 하워드의 집인 버드 코티지Bird Cottage는 말 그대로 새들에게 열려 있었다. 새들은 창문을 통해서 드나들고 집 안을 날아다닐 수 있었다. 새들은 천성적으로 호기심이 많아서, 근처에 살고 있는 새들이 곧 구경을 왔다. 하워드는 새들이 둥지를 지을 만한 자리를 마련해주고 먹이도 주었다. 집 주위를 자유롭게 날아다닐 수 있다는 것을 깨달은 새들이 이따금씩 집 안으로 들어와서 앉아 있게 되기까지는 그다지 오랜 시간이 걸리지 않았다.

하워드는 버드 코티지의 생활에 관해서 두 권의 책을 썼는데,[13] 이 책에는 새들 각각의 성격과 삶이 묘사되어 있다. 하워드는 박새에 특별히 관심을 기울였고, 많은 수의 박새들이 그녀를 따랐다. 그러나 다른 종류의 새들도 많이 다루었다. 하워드는 처음에 새소리를 연구하고 싶었지만, 새들의 개성과 관계도 연구할 가치가 있다는 것을 곧 깨달았다. 그녀는 새들의 개별적인 지능을 강조하면서, 새들이 본능에 이끌려 행동한다는 생각에 반대 의견을 냈다. 하워드는 대단히 복잡해 보이는 새들의 의사소통을 묘사했고, 새들과 그녀 사이의 의사소통에 대해서도 자세하게 설명했다. 그녀가 말을 걸면, 새들은 그녀의 목소리에 나타나는 아주 작은 변화와 억양에 반응했고, 그들은 그녀의 말을 아주 잘 이해하는 것처럼 보였다. 예를 들면, 그녀는 새들과 버터를 두고 의사소통을 했다. 새들은 버터를 좋아했고, 종종 버터를 얻어먹으려고 다가왔다. 새들은 하워드의 접시 옆에 앉아서 그녀의 얼굴을 빤히 쳐다보았다. 그녀가 다정한 표정을 지으면 새들은 한 걸음 더 다가왔고, 그녀가 어서 먹으라는 뜻의 말을 하면 버터를 조금 떼어먹었다. 만약 그녀가 단호하게 "안 돼"라고 말하면 새들은 한 걸음 물러섰다. 더 단호하게 "안 돼"라고 말하면 뒤로 더 물러섰다. 화를 내면서 "안 돼"라고 말하면 창문 밖으로 날아갔다. 하워드가 다시 부르면 근처로 다가오기는 했지만, 그녀가 화를 내며 말했기 때문에 전보다는 더 망설였다. 새로 온 새들은 그녀가 하는 말의 의미를 금방 배웠다.

콘라트 로렌츠도 수많은 새들을 비롯한 다른 동물들과 함께 살았다.[14] 그는 동물을 제대로 연구하는 방법이 이것뿐이라고 생각했다. 그는 대부분의 새들을 직접 길렀기 때문에, 새들은 길들여졌고 그를 가족으로 생각했다. 새를 길들이기 위해서 그 새를 어릴 때부터 기를 필요는 없다는 것이 하워드의 연구에서 밝혀졌고 로렌츠도 그렇게 믿었다. 로렌츠가 가장 광범위하게, 평생에 걸쳐 연구한 새는 거위였다. 거위들은 다양한 방식으로 의사소통을 한다. 여러 가지 소리를 내면서 울기도 하고, 몸짓, 의식, 냄새 따위를 이용하기도 한다. 거위와 인간 사이에도 다양한 관계와 만남이 있다. 거위와 그 거위를 기른 인간 사이에는 아주 밀접한 유대가 형성될 수 있다. 가령 그런 관계를 맺은 인간이 부르면, 거위는 하늘을 날다가도 곧장 그를 향해서 내려올 것이다. 이런 애착 때문에 로렌츠는 거위를 개에 버금가는 최고의 친구라고 불렀다. 인간에게 길러지지 않은 거위와도 우정을 쌓는 것이 가능하지만, 그런 거위는 조금 더 거리를 둘 것이다. 거위는 상황에 따라서 인간을 다르게 대한다. 또한 거위는 개와 같은 다른 동물이나 자동차와 같은 물체와의 상호작용도 인식하는데, 이번에도 맥락이 한몫을 한다. 거위는 줄에 묶인 개는 두려워하지 않아도 되지만 개가 자유롭게 뛰어다닐 때에는 조심해야 한다는 것, 혹은 친숙한 개는 위험하지 않지만 잘 모르는 개는 위험하다는 것을 배울 수 있다. 또한 거위는 인간이 거위 소리를 흉내 내면서 위험을 경고하면 그 뜻을 이해하고, 인간도 거위의 신체 언어를 이해한다.[15]

하워드와 로렌츠가 실행한 연구 방식은 오늘날 서사적 행동학이라고 불리는데, 로렌츠의 연구에서는 여러 거위들의 일생과 그 거위들 사이의 관계에 대해서 다루고 있었다. 서사적 행동학에서, 각 개체의 이야기는 더 큰 그림에 대한 무엇인가를 알려준다. 로렌츠는 더 표준적인 생물학 연구와 행동학 연구 또한 수행했다. 그러나 로렌츠의 연구 설계는 하워드와는 매우 많이 달랐다. 인간 연구자로서, 로렌츠는 거위들이 자신에게 영향을 주는 것을 허용했지만, 그는 여전히 이 게임의 규칙을 결정하는 사람이었다. 그는 어린 거위를 포획했고, 어떤 무리에서 살게 할지와 언제 어디에 있어야 할지를 결정했다. 반면 하워드는 새 연구에 헌신하기 위해서 인간과 함께 살아가는 삶을 사실상 포기하고, 새들이 그들만의 규칙을 만들도록 허용했다. 두 경우 모두 새들과 대단히 큰 친밀감을 형성했지만, 그중에서도 하워드는 포획과 가축화 없이 이런 결과를 이루어냈고 신뢰와 자유를 기반으로 하는 비인간 동물 연구가 가능하다는 사실을 증명했다.

## 따로 또는 함께

고양이와 인간은 이 세상을 서로 다르게 인식한다. 고양이는 인간보다 냄새를 더 잘 맡고 소리를 더 잘 듣는다. 시력은 낮에는 인간보다 좋지 않지만 어두울 때에는 훨씬 뛰어나며, 본래 타고난 사냥꾼이기 때문에 주로 움직임에 치중하여 상대를 관찰한다. 냄새는 고양이의 사회적 환경에 대한 인지에서 중요한 부분을 차지한다. 소변과 대변은 그곳에 누가 있었는지에 대한 정보를 제공하며, 영역을 표시하는 역할을 한다. 고양이는 물건이나 다른 동물에 자신의 머리를 문질러서 냄새를 남긴다. 고양이는 입천장에 냄새를 맡는 기관이 있어서, 무엇인가 흥미로운 냄새가 난다고 생각하면 플레멘 반응flehmen response을 보인다. 플레멘 반응은 입술을 말아 올리고 그 냄새를 입안으로 끌어들이는 것이다. 종종 고양이는 서로 꼬리를 바짝 세우고 인사를 나누는데, 때로는 함께 사는 인간에게도 같은 방식으로 인사를 한다. 고양이는 인간과 의사소통을 하기 위해서 특별한 방법을 개발했고, 그중에서 가장 중요한 방법이 야옹 소리를 내며 우는 것이다. 새끼 고양이는 엄마를 부르기 위해서 소리를 내지만, 다 자란 고양이들은 서로 야옹거리며 울지 않으며 오직 인간들에게만 그 소리를 낸다. 그것은 고양이가 인간과 상호작용을 하는 과정에서 스스로 터득한 기술이

다. 그러므로 고양이는 2가지 언어를 쓸 수 있는 셈이다.[16]

고양이들은 종종 그들만의 세계가 있는 것처럼 보인다. 개는 인간의 말에 귀를 기울이고 온갖 명령을 따르는 방법을 배울 수 있지만, 고양이는 그보다는 하루 종일 잠만 자는 편을 더 좋아한다. 개는 무리 생활을 하지만, 고양이는 혼자 생활하는 동물이다. 물론 개와 고양이 사이에는 많은 차이가 있고, 그런 차이는 그들과 인간과의 관계에 영향을 미친다. 그러나 고양이가 사회적 맥락이나 인간에 관심을 별로 보이지 않는 동물이라는 인상은 틀렸다. 집이나 보호소에서 여럿이 함께 살고 있는 고양이에 대한 연구에서, 고양이가 자신을 무리의 일부로 본다는 사실이 증명되었다. 고양이 연구자인 재닛 앨저와 스티븐 앨저 부부는, 고양잇과 동물의 의사소통이 어떻게 작용하는지를 가장 잘 이해하기 위해서는 고양이와 인간 사이의 상호작용을 연구해야 한다고 주장한다.[17] 그들은 이를 위한 가장 좋은 방법이 문화기술적 연구라고 믿는다. 이 연구 방식에서는 실험실이 아니라 그들의 서식지 내에 있는 공동체의 모습을 상세하게 기록한다.

앨저 부부는 보호소에서 고양이 공동체의 사회구조와 문화를 연구하면서, 고양이들 사이와 고양이와 인간 사이에서 일어나는 상징적 상호작용, 다른 관점에서 사물을 보는 고양이의 능력, 고양이의 규범과 가치가 확립되는 방식에 초점을 맞추었다.[18] 보호소의 고양이들은 모두 중성화가 되었고, 먹을 것이 충분했다. 그렇기 때문에 먹이나 짝짓기 의식과 관련된 싸움은 극히 드물었다. 보호소에서 일하는 사람들은 자신이 고양이 공동체의 일부라고 생각했고, 인간이 모든 것을 가장 잘 안다는 듯이 행동하는 일은 드물었다. 먹이를 줄 때에는 고양이의 선호도와 사회적 관계를 고려했다. 잠을 자는 공간을 배정할 때와 입양을 보낼 때에는 고양이들 사이의 우정을 고려해서, 친구끼리 함께 살게 해주었다. 보호소에는 다른 고양이와 단둘이 지내고 싶어하는 고양이도 있었고, 7-8마리가 한 바구니 속에 끼어서 함께 잠을 자고 서로 핥아주고 함께 밥을 먹는 고양이들도 있었다. 대부분의 사람들을 좋아하는 고양이도 있던 반면, 고양이에게만 곁을 허락하는 고양이도 있었다. 일반적으로 고양이는 독립적으로 지낼 수 있는 공간이 충분해도 함께 자는 것을 더 좋아했다. 이런 보호소의 상황은 확실히 자연적이지는 않았다. 그러나 대부분의 고양이는 집과 도시 환경을 공유하면서 인간 공동체와 고양이 공동체의 한 부분을 형성했다. 그리고 이 경우에는 동물 보호소에서 공동체의 한 부분을 형성한 것이었다.

동물의 행동에 관한 연구에서 오랫동안 강조해온 것은 공격성과 영역 방어였지만, 고양이의 우정과 의사소통에 대한 앨저 부부의 연구는 고양이들 사이에서 종종 애착과 협동이 나타난다는 것을 보여준다. 이렇게 공격성을 강조해온 까닭에는 몇 가지 이유가 있다. 이를테면, 동물들이 차분하게 붙어 앉아 있을 때보다는 공격적인 행동을 할 때가 눈에 더욱 잘 띄고 판단이 쉽기 때문일 수도 있다. 페미니즘 과학철학자들도 지배와 계급에 대한 강조가 주로 남성 연구자들 사이에서 나타난다는 점을 지적한다. 그리고 오랫동안 연구자들 대부분은 남성이었다. 이런 점은 특정 종의 이미지에 영향을 끼쳤다. 예를 들면, 침팬지는 오랜 기간 대단히 공격적이라고 여겨졌지만, 공감 같은 특성은 연구되지 않았다.

앨저 부부는 한 집에 사는 인간과 고양이 사이에서 일어나는 상징적 상호작용도 연구했다. 즉 고양이와 인간이 해석 과정을 통해서 창조한 상징의 세계에서, 개체들 사이의 상호작용이 어떻게 의미와 공통의 이해를 만들어내는지를 연구했다. 이것은 다양한 단계에서 일어난다. 고양이는 문제를 해결할 수 있다. 문이나 창문을 여는 방법을 알아낼 수 있을 뿐만 아니라, 필요할 때에는 어떻게 인간의 도움을 받아야 하는지도 알고 있다. 앨저 부부가 인용한 사례에 따르면, 어떤 고양이는 목걸이가 입에 걸리자 반려인에게 풀어달라고 도움을 청했다.[19] 고양이들은 궂은 날씨에 외출을 할지 여부나, 또는 먹이 같은 것에 대해서 노련한 판단을 내린다. 때로는 더 맛있는 먹이가 생길 경우를 대비하여 기다리기도 한다. 이런 선택에는 기억이 한몫을 한다. 예전의 상황이 그들의 선택에 영향을 미치는 것이다. 고양이들은 저마다 성격과 학습 능력이 다르다. 고양이와 인간은 일상을 공유하고 서로 영향을 주고받으며 살아왔다. 이를테면 고양이는 놀이를 요구하기도 한다. 상징적 상호작용은 고양이와 인간 사이에서만 일어나는 것이 아니라, 고양이와 개 사이에서도 일어날 수 있다.

인간과 고양이의 동거는 각자의 관계와 삶에 영향을 미친다. 고양이와 인간은 함께 화장실을 쓰고, 함께 개를 산책시키고, 함께 잠을 자는 등 공동의 습관을 만든다. 인간과 함께 사는 것은 고양이들이 다른 고양이와 함께 사는 방식에도 영향을 미친다. 인간은 고양이를 입양한 다음, 다른 고양이가 있는 공간에 그냥 풀어둘 수도 있다. 연구자들이 밝혀낸 바에 따르면, 주변의 고양이들은 서로를 받아들이기 위해서 영역과 외출 시간을 조정한다. 고양이들은 자신만의 영역에 머물며, 만약 영역을 공유하고 있다면 서로 외출 시간을 달리해서 마주침을 최소화한다. 한 집에서 사는 고양이들은 대개 서로를 너그럽게 받아들이며, 함께 탐험을 나가기도 한다. 도시의 고양이들은 함께 사는 인간의 일상 리듬에 맞춰서 그들의 활동을 계획하는 편이다. 먹을 것을 직접 사냥해야 하는 농장의 고양이들은 밤에 활동한다. 쥐가 활동하는 밤이 사냥을 하기에 가장 좋은 시간이기 때문이다. 반면 집고양이는 밤에 종종 그들의 영장류와 함께 잠을 잔다. 인간과 함께 사는 것은 고양이의 먹이가 되는 주위의 다른 동물들에도 영향을 미친다. 먹이를 사냥해서 먹는 고양이는 본능적으로 먹이를 죽이지만, 배가 고프지 않은 집고양이는 먹이를 가지고 한참 동안 놀기도 한다. 어떤 고양이는 사냥을 전혀 하지 않는다. 연구자들은 충분히 오랫동안 가축화가 진행되면 고양이가 사냥 습관을 완전히 버릴 수도 있다고 믿는다.[20]

## 공간의 공유

줄리 앤 스미스는 토끼들과 함께 산다.[21] 한 동물 복지 단체를 위해서 토끼들을 보살피고 있는 그녀는 이 토끼들이 가능한 한 자유롭게 지내기를 원하지만, 한편으로는 제대로 된 보살핌을 받기를 바란다. 스미스는 이 2가지 바람이 상충한다고 보았다. 인간인 그녀가 토끼들이 쓸 수 있는 공간을 결정하지만, 그래도 그녀는 저마다 원하는 것이 있는 각각의 토끼들을 존중하고 싶었다. 그녀는 주어진 공간 안에서 토끼들이 최대한 자유를 누릴 수 있게 하려고 노력하면서, 새로운 형태의 동거 방식을 찾는 것을 목표로 한다. 이를 위한 방법들 가운데 하나는 말 그대로 공간을 활용하는 것이다. 토끼들은 집 안을 자유롭게 뛰어다닌다. 스미스는 토끼들에게 위험하지 않도록 콘센트 같은 것들을 모두 막았다. 그녀는 낮이면 토끼들이 항상 방 하나를 얼마나 끔찍하게 엉망으로 만들고는 했는지를 묘사한다. 그녀가 저녁에 말끔히 정리를 해도 다음 날이 되면 토끼들은 방을 다시 어질러놓았다. 이런 날들이 계속되다가, 그녀는 토끼들이 나름의 체계를 따르고 있다는 것을 발견했다. 터널과 숨을 곳을 좋아하는 토끼들은 그에 맞춰서 방을 정리하고 있었다. 상황을 깨닫자, 그녀는 토끼들의 호소가 보이기 시작했다. 그녀에게 이것은 토끼들과 의사소통을 하는 하나의 방법이었고, 그녀는 이것을 다른 동물들과 함께 살 때에는 실험이 중요하다는 것을 보여주는 사례로 활용한다. 경계가 명확하게 정해져 있을 때조차도, 다시 말하면 바깥보다 훨씬 더 안전하기 때문에 토끼들을 집 안에 가둬놓는 이 같은 경우에도, 토끼들은 제한된 테두리 안에서 어느 정도 자유롭게 활동하고 선택할 수 있는 여지가 있다.

많은 지역에서 고양이들은 자유롭게 집을 나가고, 자신이 원할 때에는 다시 집으로 돌아온다. 집 밖에서 고양이는 새로운 가족을 찾고 다른 가정에서 밥을 먹기도 한다. 그러나 특히 서구에서 개는 집 안에서만 지내고 목줄을 한 채로 있다. 작가 엘리자베스 마셜 토머스는 도시 환경에서 개의 자유를 늘려줄 방법을 탐색했다. 그녀와 함께 살던 허스키, 미샤는 밤마다 담장을 뛰어넘어서 혼자 산책을 다니고는 했다. 때로 미샤는 여자 친구인 마리아를 데리고 왔는데, 마리아는 마셜 토머스의 딸과 함께 사는 개였다. 마셜 토머스는 미샤가 무엇을 하는지 알아내기 위해서 미샤를 따라갔고, 미샤가 자신이 어디로 가고 있는지를 알고 있고 특정한 상황에 대처하는 방법을 스스로 찾아냈다는 것을 깨달았다. 예를 들면 미샤는 혼잡한 도로를 건널 때에는 시각이 아니라 청각을 이용했다. 미샤만큼 길을 잘 알지 못하는 마리아는 길을 잃으면 인간을 찾았다. 자신을 집으로 데려다 주기를 기대한 행동이었고, 정확히 그런 일이 일어났다.[22]

마셜 토머스는 8마리 정도의 개들과 함께 살았다. 개들은 서로가 서로를 길렀다. 이를테면 그녀는 개들에게 화장실 훈련 같은 것을 따로 시킬 필요가 없었는데, 강아지들이 성견들로부터 배우기 때문이었다. 넓은 마당이 있는 집으로 이사를 갔을 때, 그녀는 마당에 울타리를 둘렀다. 그래서 개들은 도망치지 않고도 언제든지 집 밖으로 나갈 수 있었다. 개들은 점점 더 서로 가까워졌고, 집 안에서 지내는 시간은 점점 더 줄어들었다. 마셜 토머스는 개들과 접촉할 필요가 있었기 때문에 때때로 밖에 나가서 앉아 있었다. 어느 날 그녀는 개들이 늑대가 하듯이 땅에 구멍을 파고(개들 가운데 한 마리는 딩고였다), 그 속에서 꽤 많은 시간을 보낸다는 것을 알았다. 그녀는 선택의 기회가 주어지면, 개들은 인간보다 다른 개들을 더 필요로 한다는 결론을 내렸다.

테드 케라소트도 그의 반려견 멀을 더 자유롭게 해줄 방법을 찾고 있었다.[23] 그가 사는 와이오밍 주의 작은 마을에서는 대부분의 개들이 자유롭게 돌아다녔다. 멀도 다른 개들과 마찬가지로 밖으로 돌아다닐 수 있게 하기 전에, 그는 먼저 멀에게 몇 가지를 가르쳐야 했다. 농민이 쏜 총에 맞을 수 있기 때문에 가축을 사냥해서는 안 되고, 위험할 수 있으므로 큰 동물을 사냥해서는 안 되며, 차를 조심해야 했다. 멀이 이런 조건들을 잘 지키게 되자, 케라소트는 멀이 원할 때마다 밖으로 자유롭게 드나들 수 있는 작은 문을 만들어주었다. 멀은 낮에 마을에서 친구들과 시간을 보내고는 했다. 멀의 친구 중에는 개도 있고 사람도 있었다. 멀은 정해진 시간에 케라소트와 산책 나가는 것을 좋아했고, 밥 먹을 시간이 되면 항상 집으로 돌아왔다. 또한 매일 밤 집에서 잠을 잤다. 때로는 여자 친구를 집으로 데려오기도 했다. 이런 생활방식에는 개의 움직임을 통제하지 않았을 때에 생길 수 있는 위험이 따랐지만, 케라소트는 멀의 삶이 훨씬 더 풍부해졌다고 믿었다. 케라소트의 글에 따르면, 멀은 독립적이 될수록 더 똑똑해지고, 어려움에 더 잘 대처하고, 스스로 생각하고, 다른 종을 포함한 다른 존재들과 의사소통을 더 잘하게 되었다.

가축화된 동물이 제 역할을 하기 위해서는 그들의 언어

뿐만 아니라 인간의 언어, 그 집이나 마을에 사는 다른 동물들의 언어도 배워야 한다. 마셜 토머스는 개들이 대체로 인간에 의해서 결정되는 사회에서 그들 나름의 방식을 찾는다는 것과, 어떤 상황에서는 다른 개들과 생활하는 것을 더 좋아할 수도 있다는 점을 보여주었다. 케라소트는 개가 더 독립적으로 생활할 수 있도록 인간이 환경을 조성해줄 수 있으며, 개와 인간이 함께 살아가는 새로운 방법을 찾을 수 있음을 증명했다. 개들은 그들 스스로 중요한 임무를 맡아서 하며 저마다 서로 다른 기질을 보여준다. 새로운 형태의 동거를 통해서 새로운 형태의 의사소통이 개발될 수 있다. 이는 반대로도 적용될 수 있다. 공동의 언어 게임은 함께 살아가고 공동체를 형성하는 새로운 방법에 대한 생각의 수단을 제공하기도 하고, 이 주제에 관한 발상을 뒷받침해주기도 한다. 이 사례들이 보여주는 것은 의사소통의 질이나 관계의 친밀성이 종에 의해서 결정되지 않는다는 점이다. 어떤 사람은 사람들보다는 다른 동물들과 더 쉽게 관계를 형성하는 반면, 어떤 사람은 사람들과 어울리는 것을 더 좋아하는데, 이는 동물도 마찬가지이다. 또한 다양한 방식으로 서로 연결되어 있는 사람도 있고, 공통점이 별로 없는 사람도 있으며, 한편으로는 많은 것들을 공유하는 동물과 사람도 있다. 함께 사는 개가 무작위로 만나는 이웃보다 공통점이 더 많으리라는 것은 쉽게 상상할 수 있다. 한 사람과 그의 개는 같은 것을 좋아하고, 이해를 공유하고, 서로를 잘 알고 있으며, 특정 사건에 같은 방식으로 반응한다. 연결은 어떤 종류로도 가능하다. 공동의 언어가 있을 가능성은 털가죽이나 꼬리의 유무로 결정되는 것이 아니다.

## 협동과 저항

반려동물만 길들여진 것은 아니다. 소, 양, 말, 닭, 돼지 같은 동물과 인간의 관계도 수만 년 전으로 거슬러올라가야 한다. 이런 관계들은 농업이 하나의 산업으로 발달하면서 바뀌어갔다. 이 동물들은 한때 농가의 구성원이자 농촌과 도시 경관의 일부였지만, 이제는 점점 시야에서 사라져가고 있다.

역사적으로 대규모 축산을 한 사례가 있다. 이집트인들은 미라의 형태로 제물을 바치기 위해서 동물을 키웠고, 같은 목적을 위해서 야생동물을 잡았다.[24] 로마인들은 알을 많이 낳는 닭을 선택적으로 교배했고, 대량으로 길렀다.[25] 그러나 이는 오늘날의 산업화된 농업과는 조금도 비슷하지 않았다. 가능한 한 많은 동물들을 생산하기 위해서 오늘날에는 새로운 기술이 쓰이고 있으며, 식량으로 사용하기 위해서, 그리고 다른 동물의 생산을 위해서 사육되고 도축되는 동물의 수는 비교가 불가능할 정도로 많아졌다.

이런 규모의 증대와 축산의 산업화는 인간과 동물의 관계, 그리고 종 사이의 의사소통에 확실히 좋지 않은 결과를 가져왔다. 대부분의 농장에서 가축은 더 이상 가족 구성원이 아니다. 현실적으로 100만 마리의 닭을 가족으로 여기기란 불가능할 것이다. 이 관계의 목표는 오직 동물이 제 기능을 잘하게 함으로써 가능한 한 많은 수익을 내는 것이다.

농장 동물들은 너무 빽빽하게 모여 있고 자극이 부족하기 때문에 의사소통도 잘 되지 않는다. 닭이 서로를 죽을 때까지 쪼거나 돼지가 다른 돼지의 꼬리를 먹는다는 이야기는 잘 알려져 있다. 두 종 모두 광범위한 언어를 가지고 있는 대단히 사회적인 동물이다.

돼지는 주로 냄새로 서로를 알아보고 일련의 복잡한 소리를 내는데, 인간은 그것에 대해서 아직까지 제대로 알지 못한다. 돼지는 코끼리와 비슷한 사회적 유대가 있고, 돼지를 사냥하고 먹이로 삼는 인간이나 다른 영장류만큼이나 앞이마겉질이 크다. 앞이마겉질은 복잡한 인지 행동의 계획, 개성의 표현, 의사결정, 온화한 사회적 행동과 연관이 있는 뇌의 영역이다. 돼지는 땅을 파헤치고, 주둥이를 이용하여 그들을 둘러싼 세계를 조사하고, 행복할 때에는 꼬리를 흔든다. 돼지는 새끼들을 잘 돌보고, 서로에게 공감하며, 놀이를 즐기고, 좋은 기억력을 가지고 있다.[26]

닭은 매우 다양한 경고 소리를 낼 뿐만 아니라, 시각과 촉각과 후각을 이용하여 과거와 현재와 미래에 대해서 의사소통을 한다.[27] 닭은 인간 아기보다 덧셈을 더 잘한다.[28] 공감과 질투를 하며, 저마다 다양한 개성을 가지고 있다.[29] 어미 닭은 병아리들이 아직 알 속에 있을 때부터 의사소통을 하며, 이후에는 병아리들의 학습 능력에 맞춰서 살아가는 법을 가르친다.[30]

양은 온순한 동물로만 알려져 있지만, 실제로는 기억력이 좋은 창조적인 동물이며 복잡한 사회관계망을 이루고 살아간다. 양은 온갖 종류의 소리와 신체 언어와 페로몬을 이용하여 의사소통을 한다.[31]

초식동물들 사이의 의사소통은 대체로 감지하기 어렵다. 예를 들면, 소[32]와 말[33]은 주로 눈맞춤이나 귀의 움직임으로 의사소통을 한다. 이 두 형태의 의사소통에 대한 연구는 이제 겨우 시작 단계에 있다. 그러나 모든 상호작용들이 이렇게 미묘하게 일어나는 것은 아니다. 가끔 도축장으로 가는 길에 소나 돼지가 탈출하는 일이 있다. 농민이나 그 가족이 농장 동물에게 밟히거나 공격을 당했다는 뉴스도 이따금씩 나온다. 역사학자인 제이슨 라이벌은 가축[34]과 야생동물[35]의 저항 행위에 대한 광범위한 연구를 수행했다. 우리는 인간이 경제를 이룩했다고 생각하지만, 라이벌은 다른 동물들이 사실상 대단히 중요한 역할을 해왔다고 지적한다. 심지어 그는 그 동물들을 노동자 계급의 일원으로 보아야 한다고 제안했다.[36] 그러나 동물들은 신뢰할 수 없는 노동자이고, 말을 잘 듣게 하기 위해서는 많은 에너지가 필요하다. 일하는 동물의 저항은 그 동물이 기계로 대체되는 과정에 어느 정도 영향을 미쳤으므로, 동물도 산업혁명에 일조를 했다는 것이 라이벌의 주장이다. 도살장에서 도망치거나 인간의 통제에 저항하는 동물들은 여론에 영향을 주고, 때로는 입법에도 영향을 미친다. 라이벌은 19세기 중반에 있었던 미국의 낙타 부대를 예로 들었다. 이 부대에서는 낙타를 군용으로 활용해보려는 실험이 시도되었는데, 낙타들은 소리를 지르고 침을 뱉고 군인들을 물면서 온갖 방법으로 저항했다. 그러자 낙타와 함께 일할 예정이었던 인간들이 낙타를 싫어하고 무서워하기 시작했다. 그들은 더 이상 함께 일할 수 없었고, 실험은 중단되었다. 육군은 실험일 뿐이었다고 주장했지만, 협조를 거부함으로써 그 시도를 실험으로 바꿔놓은 것은 바로 낙타였다.

오늘날 가축과 농민들 사이의 상호작용은 여전히 동물들의 저항을 다스리고 억누르는 일에 집중한다. 돼지우리를 방문하면, 돼지를 등지고 서지 말라는 조언을 듣게 될 것이다. 가축우리, 우유 짜는 기계, 가축 운반 트럭은 가능한 한 동물이 저항할 수 없는 구조로 설계되어 있다. 오스트레일리아의 철학자인 디네시 와디웰의 말에 따르면, 저항은 동물의 창의성과 의지를 반영하기 때문에 동물을 관찰할 수 있는 훌륭한 돋보기가 된다.[37] 이는 동물들의 저항에 대한 인간의 대응을 잠깐만 살펴보아도 확인할 수 있다. 그는 인간이 물고기를 잡기 위해서 고안한 낚싯대와 낚싯바늘 같은 도구의 메커니즘에서 물고기의 저항을 엿볼 수 있다고 말한다.

저항이라는 의사소통의 유형은 인간과 다른 동물에게서 대단히 다른 형태를 취할 수 있다. 라이벌은 『동물 행성의 공포(*Fear of the Animal Planet*)』에서 서커스단과 돌고래 수족관, 동물원에 있는 야생동물의 저항에 대해서 묘사한다. 그는 탈출하고 사육사를 해치거나 죽이고 고의로 활동을 방해하거나 기물을 파손하는 동물에 대한 수많은 사례들을 소개하면서, 동물의 저항 행동이 드물지 않다는 것을 보여준다. 그러나 그런 일들이 종종 드물게 일회적으로 일어나는 것처럼 보이는 까닭은 이런 시설들을 운영하여 돈을 버는 인간들은 동물들이 불행해 보이는 것을 원하지 않기 때문이다. 동물 저항의 가장 유명한 사례는 아마도 2013년에 「블랙피쉬(Blackfish)」라는 제목의 다큐멘터리 영화로 제작된 범고래 틸리컴의 이야기일 것이다. 플로리다 주 올랜도의 시월드 놀이공원에 있던 틸리컴은 세 사람을 살해했다. 2명은 훈련사였고, 1명은 틸리컴의 수조에 무단 침입한 남자였다. 틸리컴이 고의로 사람을 죽였다는 것을 보여주는 설득력 있는 증거가 있다. 다른 범고래 역시 갇힌 상태에서 사람을 다치게 하거나 죽인 일이 있지만, 야생에서 범고래가 사람을 살해한 사례는 알려지지 않았다. 감금되어 있는 범고래는 거의 모두 신체적, 정신적 고통을 겪고 있다. 이를테면 수컷 범고래의 거의 90퍼센트는 스트레스로 인해서 등지느러미가 구부러져 있는데, 이는 야생에서는 거의 일어나지 않는 현상이다. 틸리컴은 아마도 우울증을 겪고 있었을 것이고, 어쩌면 심각한 정신질환이 있었을지도 모른다.[38]

저항은 소규모로도 일어날 수 있다. 인간동물학을 연구하는 레슬리 어빈은 인간과 다른 동물들 사이의 놀이는 저항의 한 형태일 수 있다고 말한다.[39] 소소한 일상의 활동 속에는 권력 구조가 드러나기 때문이다. 다른 동물의 주관성을 진지하게 받아들인다는 발상은 우리 사회에서 이상하게 여겨지므로, 실제로 게임과 같은 활동을 통해서 그런 생각을 실행하는 것은 일종의 저항 행동이 된다. 성공적인 게임을 하려면, 상대의 개성을 진지하게 받아들여야 하기 때문이다. 어빈은 놀이에서는 창의성이 중요하고 각 개체들은 놀면서 자신의 개성을 드러낸다고 지적한다. 동물은 저마다 특별히 좋아하는 놀이가 있고, 놀이는 발전 과정을 거친다. 놀이는 인간에게 그들의 반려동물을 더 잘 알 수 있는 기회가 되며, 이는 동물에게도 마찬가지이다. 게다가 동물과의 놀이는 성인에게 그저 재미를 위해서 무엇인가를 할 수 있는 기회를 준다. 동물과 놀이를 하는 인간은 동물을 진지하게 대하고, 종이라는 경계가 의미 있는 상호작용을 가로막는 걸림돌이라고 여기지 않음으로써, 동물을 다르게 생각하는 더 회의적인 인간에게 좋은 본보기가 될 수 있다.

1580년에 프랑스의 철학자 몽테뉴는 고양이와 놀 때에는 그가 고양이와 놀아주고 있는지, 고양이가 그와 놀아주고 있는지 모르겠다고 썼다.[40] 분명한 것은 둘 다 놀고 있다는 점이다. 놀이가 성립하기 위해서는 반드시 그래야만 한다.

# 몸으로 생각하기

한스는 19세기 말에 독일에서 태어났다. 그는 네 살이 되자 곱셈과 나눗셈을 하고, 제곱근을 계산할 수 있었다. 한스는 수학에만 재능을 보인 것이 아니었다. 단어의 철자를 알고, 읽기를 하고, 날짜와 시간을 말하고, 음조와 음계를 구별하고, 색깔을 알아볼 수 있었다.

한스는 인간 아이가 아니라 말이었다. 한스는 인간이 질문을 하면 오른쪽 앞발로 땅을 굴러서 대답했다. 한스의 주인인 빌헬름 폰 오스텐은 1891년부터 한스와 함께 청중 앞에 서기 시작했다. 이 놀라운 말은 곧바로 언론의 관심을 끌었고, 한스의 공연을 보러 오는 사람들의 수는 점점 늘었다. 어떤 이들은 한스가 천재라고 믿었고, 어떤 이들은 미심쩍어했다. 무엇인가 속임수가 있는지를 조사하기 위해서, 정부는 위원회를 만들었다. 철학자이자 심리학자인 카를 슈툼프가 이끄는 이 위원회는 수의사, 동물원장, 기수, 여러 명의 교사 등 말의 지능과 관련된 분야의 전문가 13명으로 구성되었다. 1904년 9월, 위원회는 한스의 공연에 어떤 눈속임이나 사기도 없다는 결론을 내렸다. 그래도 한스의 지능을 완전히 이해하지는 못했기 때문에 슈툼프는 조수인 오스카어 풍스트에게 조사를 계속해달라고 부탁했다.

먼저 풍스트는 청중과 폰 오스텐이 없는 상태에서 한스의 능력을 철저히 조사했다. 한스는 평소와 똑같이 질문에 답했다. 폰 오스텐이 의도적으로 속임수를 썼을 가능성은 배제되었다. 이제 풍스트는 한스가 출제자를 볼 수 없을 때, 그리고 출제자가 답을 모르는 상태에서 문제를 낼 때에도 한스가 답을 맞추는지를 조사했다. 이런 조건에서 한스는 정답을 말하지 못했다. 풍스트는 한스가 문제를 내는 사람의 신체 언어에서 나타나는 미묘한 변화에 반응하는 것이라고 추측했다. 그가 한스의 자리에서 직접 관찰해보니, 문제를 내는 사람들은 한스가 마지막으로 발을 구를 차례가 되면 모두 무의식적으로 고개를 살짝 움직였다. 결론적으로 한스는 전혀 놀라운 말이 아니었다. 이 연구는 이중맹검double-blind 행동 연구가 실행되는 계기가 되었다. 이중맹검 실험에서 연구자는 어느 쪽이 실험군이고 어느 쪽이 대조군인지 알지 못한다. 더 나아가, 실험자는 연구자가 어떤 결과를 원하는지 알지 못하기 때문에 실험자가 예기치 않게 실험 대상에 영향을 주는 일을 할 수 없다. 풍스트가 증명했듯이, 다른 동물에 대한 연구에서는 이런 일이 일어날 위험이 있으며, 인간에 대한 연구도 마찬가지이다. 어쨌든 폰 오스텐은 한스를 데리고 공연을 계속 이어갔고, 청중도 계속 모여들었다.

동물 연구자와 동물 사이의 관계를 연구해온 벨기에의

심리학자이자 과학철학자인 뱅시안 데스프레는 원래 생각했던 것과 방향이 다를 뿐, 한스가 지적인 동물인 것은 맞다고 지적한다.[1] 한스는 인간의 신체 언어에서 나타나는 미세한 변화를 읽어낼 수 있었다. 말은 인간과 의사소통을 아주 잘하지만, 의사소통은 보통 (인간이 말을 탈 때처럼) 접촉을 통해서 주로 이루어지고 시각은 별로 이용되지 않는다. 그러나 한스는 시각적인 신호를 이해할 수 있었다. 또한 한스는 문제를 내는 인간을 훈련시키기까지 했다. 문제를 내는 사람은 눈치 채지 못했지만, 한스와 작업을 오래 하면 할수록 인간의 신호는 더욱 뚜렷해졌다. 신체 언어를 통해서 조금은 의식적이고 조금은 무의식적으로 서로를 읽는 방법을 배운 말과 인간이 점점 더 서로에게 맞춰진 것이다.

한스의 사례는 영리함, 동물 연구와 우리의 경험의 역할, 서로 연관되어 있는 요소들 등 온갖 종류의 의문을 불러일으킨다. 종종 동물은 사람과는 완전히 다르고, 그래서 더 알기 어렵다고 여겨진다. 그러나 이런 관점에는 몇 가지 문제들이 있다. 그 문제는 비인간 동물의 능력과도 연관이 있고, 인간이나 인간이 아닌 다른 개체를 우리가 알아가는 방법과도 연관이 있다.

## 심리학과 동물

아리스토텔레스와 플라톤 같은 고대 그리스 철학자들은 지식은 무엇인지, 우리가 어떻게 지식을 습득하는지를 알아내기 위해서 노력했다. 실험심리학이 개발된 20세기가 될 때까지, 사고에 대한 생각은 주로 철학에서 나왔다. 20세기 전반에는 행동주의가 사고에 대한 생각과 동물 연구에 대단히 큰 영향을 끼쳤다. 행동주의에서 가장 중요한 인물은 미국의 심리학자인 B. F. 스키너이다.[2] 행동주의에서는 심리학을 행동에 대한 과학적인 연구로 보고, 생각과 감정 같은 내적 사건도 행동으로 접근할 수 있다고 생각한다. 행동주의는 행동을 묘사하고 설명하기보다는 예측하고 통제하는 것을 목표로 하며, 행동과 환경 사이의 연관성에 초점을 맞춘다. 더 심층적인 원인이나 저변의 사회구조는 즉각적으로 눈에 띄지 않는 이상 관심을 두지 않는다.

언어학자이자 철학자인 놈 촘스키는 행동주의를 비판한 대표적인 인물이다.[3] 그는 행동주의로는 설명할 수 없는 현상들이 있다고 주장한다. 예를 들면, 언어를 배우고 있는 어린아이가 이해하고 재현할 수 있는 문장의 수는, 모든 언어가 하나하나의 직접적인 학습을 통해서만 숙련된다고 가정하는 모형으로 설명될 수 있는 것보다 훨씬 더 많다. 촘스키는 인간에게는 내재된 언어 능력이 있고, 전 세계의 서로 다른 언어 사이의 구조적 유사성은 이런 내재된 언어 능력으로 설명된다고 주장한다. 이런 보편문법 가설에서는, 우리는 이미 언어를 가지고 태어나며 그것에 노출되기만 하면 된다고 말한다. 촘스키에 따르면, 이런 능력은 순수하게 인간에게만 있다. 다른 어떤 동물 종도 이런 능력을 가지고 있지 않다. 제1장에서 다루었던 님 침프스키를 대상으로 한 실험은 이런 차이를 증명하기 위해서 만들어졌다. 생성언어학 또는 생성문법이라고도 알려져 있는 촘스키의 이론은 경험적이지 않고 이성적이다. 우리는 이 언어 능력을 경험적으로 증명할 수 없고, 우리의 지적 능력을 이용한 언어 연구를 통해서 그 존재를 발견할 수 있을 뿐이다.

촘스키의 연구는 인지심리학이라고 알려진 철학의 한 분야에 영감을 주었다. 행동주의에서는 인간의 내면 세계, 즉 뇌를 검은 상자라고 본다. 이 상자 안에서 일어나는 일 중에서 측정 가능하고 과학적으로 의미가 있는 것은 결과뿐이다. 그러나 인지심리학은 검은 상자의 내용물, 즉 내면 세계에 초점을 맞춘다. 이 개념이 발달하는 동안, 컴퓨터는 비교 대상이 되었다. 과학자들은 뇌 속의 정보 체계와 정보 처리를 탐색했다. 뇌 연구는 정보에 대한 정보를 취득하는 데에 중요한 역할을 한다. 신경과학에서는 원숭이 같은 실험동물의 머리에 전극을 꽂거나 두개골을 열어서 인지의 물리적 측면을 연구해왔다. 누구나 사진으로 한 번쯤 보았음 직한 이런 동물실험 장면은 인간에 대한 실험에 비해서 윤리적으로 문제가 되지 않는다. 그래서 동물의 뇌는 인간의 뇌에 대한 통찰을 얻기 위한 제물이 되었다. 오늘날 인지과학에서는 심리학, 철학, 언어학, 신경과학, 정보과학을 융합하여 나온 통찰을 토대로, 인간과 다른 동물의 지능과 정신 과정에 초점을 맞춘 인지 연구를 하는 것이 더 일반적이다.

동물에 대한 행동주의 연구는 지금도 진행 중이며, 여전히 많은 사람들은 촘스키가 그린 언어에 관한 그림이 인간에게만 해당된다고 생각한다. 동물 연구에서는 아직도 종종 비인간 동물을 인간과 매우 다르게 보고 있으며, 많은 실험이 그런 기준에 맞춰서 설계된다. 동물은 실험실에 갇혀서 측정 가능한 결과를 산출하고, 연구자는 실험 결과에 영향을 미칠 수도 있기 때문에 그 동물들과 유대를 맺지 않는다. 그러나 최근 몇 년 동안, 점점 더 동물 그 자체를 연구의 주제로 보는 관점이 생겨났고, 이는 동물을 어떻게 연구할 수 있고 어떻게 연구해야 하는지에 영향을 미치고 있다.

## 개코원숭이

바바라 스머츠는 케냐와 탄자니아에서 25년 동안 개코원숭이를 연구했다.[4] 그녀가 가장 잘 알게 된 개코원숭이 무리인 '에부루 절벽 무리'는 약 135마리의 개코원숭이로 이루어져 있는데 70제곱킬로미터 넓이의 지역을 이동하며 살았다. 스머츠는 2년 동안 매일 해가 뜰 때부터 해가 질 때까지 그들과 함께 돌아다니면서 아무 데서나 잠을 잤다. 처음 몇 달 동안은 다른 사람들을 한 명도 만나지 않았다. 그러나 나중에는 다른 연구자들과 함께 천막에서 잠을 잤고, 그들과 최소한의 접촉을 했다. 연구를 시작할 무렵, 스머츠는 개코원숭이들의 행동을 더욱 잘 이해하기 위해서 그들과 더 가까워지려고 노력했다. 그녀는 개코원숭이들 쪽으로 걸어가다가 그들이 물러서면 멈춰서고, 그들의 긴장이 풀릴 때까지 기다린 다음 다시 다가갔다. 이 전략은 미미한 진전을 가져왔다. 시간이 조금 흐른 후, 그녀는 자신이 너무 가까이 다가가면 개코원숭이들끼리 신호를 주고받는다는 것을 발견했다. 어미들은 새끼를 불렀고, 다른 개코원숭이들은 서로 몸짓을 했다. 그리고 스머츠는 개코원숭이들이 너무 긴장한 나머지 달아나기 전에, 그들에게 다가가는 것을 멈출 줄 알게 되었다. 일단 그런 행동을 구별하게 되자, 그녀는 곧 그들에게 가까이 다가갈 수 있었다.

개코원숭이들은 그녀의 존재에 점점 더 익숙해졌다. 연구자들은 이것을 습관화라고 불렀다. 습관화는 인간에게 익숙하지 않은 개코원숭이나 다른 동물들이 자신들을 관찰하러 온 인간에게 적응한다는 뜻이지만, 스머츠에게는 그 반대 현상이 일어났다. 그녀는 개코원숭이 무리와 어울리기 위해서 그들에게 적응해야 했고, 개코원숭이 무리는 그냥 살던 대로 살았다. 스머츠가 박사 학위 연구를 하는 동안, 그녀의 지도 교수는 가능한 한 연구자는 보이지 않아야 한다고 가르쳤다. 그러나 스머츠가 개코원숭이들로부터 배운 것은 조금 달랐다. 개코원숭이는 사회적인 동물이고, 그들의 언어에서는 서로를 무시하는 것이 도발로 보일 수 있다. 만났을 때에 서로를 무시할 수 있는 사이는 친구일 때뿐이다. 그래서 스머츠는 개코원숭이가 다가올 때에는 무시하는 것보다는 잠깐 눈을 맞추거나 살짝 으르렁대는 것이 더 낫다는 사실을 곧 알게 되었다. 그녀가 개코원숭이의 예절을 따르면, 개코원숭이들은 하던 일을 계속할 것이다. 그녀가 개코원숭이를 무시하면, 개코원숭이로서는 이해할 수 없는 신호를 보내는 것이 되고, 그런 행동은 긴장 상태를 만들게 된다. 그녀가 개코원숭이를 바라보면서 아무런 해를 끼칠 생각이 없음을 보여준다면, 개코원숭이는 이 행동을 존중의 신호로 받아들일 것이다. 이런 서로 간의 이해와 의사소통을 통해서 스머츠는 인사, 개체 간의 거리, 의사소통에 관하여 엄청나게 많은 것들을 배웠고, 이는 다른 방법으로는 결코 얻을 수 없는 것들이었다.

개코원숭이들은 스머츠가 자신들에게 전혀 해를 끼칠

생각이 없는 평온한 사람이라는 사실을 알게 되었고, 스머츠는 개코원숭이처럼 행동하는 법을 배웠다. 그녀는 자신이 공격받기 쉽다고 느꼈지만, 개코원숭이의 행동을 읽는 방법을 배웠기 때문에 그들 중의 하나가 그녀에게 화를 내면 그것을 이해할 수 있으리라고 확신했다. 개코원숭이도 같은 이유에서 그녀를 받아들였을 것이다. 스머츠는 그들과 함께 움직이면서, 개코원숭이처럼 주변을 감지하는 방법을 서서히 배워나갔다. 그중 하나가 날씨의 변화에 대한 반응이었다. 우기가 되면 사바나의 초원에서는 멀리서 폭풍우가 다가오는 것을 볼 수 있다. 개코원숭이는 폭풍우가 다가오면 불안해하기는 했지만 먹이 활동을 계속하고 싶어 했다. 그들은 폭풍우를 피할 곳을 찾아야 하는 시기가 정확히 언제인지를 알기 때문에, 가능한 한 오랫동안 먹이를 먹을 수 있었다. 몇 달 동안 스머츠는 개코원숭이들보다 훨씬 더 먼저 자리에서 일어나서 피할 곳을 찾고 싶었다. 그러나 어느 순간이 되자, 그녀도 개코원숭이들처럼 정확한 때를 알게 되었다. 이유는 설명할 수 없었다. 그냥 알게 되었다.

무리 속에서의 생활은 스머츠에게 개코원숭이에 대해서 많은 것들을 가르쳐주었다. 개코원숭이들에게 버섯은 서로 앞다투어 먹으려고 하는 귀한 진미인데, 모두가 나누어 먹을 수 있을 만큼 버섯이 많은 곳을 찾으면 그들은 다 같이 기쁨의 비명을 지른 다음 버섯에 달려들었다. 또한 그녀는 어떤 의식을 두 번 목격한 적이 있었는데, 이 의식에서 개코원숭이들은 작은 물웅덩이에 둘러앉아서 조용히 물속을 들여다보다가 그들의 잠자리가 있는 곳으로 이동했다. 과학 문헌에서는 이와 같은 행동과 비슷한 사례를 본 적이 없었기 때문에, 그녀는 이것을 일종의 신비로운 의식으로 보았다. 어쩌면 자신이 목격한 장면이 비인간 동물이 평소에는 인간에게 보여주지 않는 모습일지도 모른다고 생각했다. 또한 스머츠는 진정한 무리의 일원이 되는 것에 대해서도 무엇인가를 배웠다. 인간인 우리는 다른 이들과 조화를 이루며 움직이는 일에 익숙하지 않고, 폭풍우가 올 때에 개코원숭이가 한 행동처럼 우리의 일상을 자연이나 지구에 맞추는 일에도 익숙하지 않다. 개코원숭이 무리 속에서, 스머츠는 자기 자신보다 더 큰 무엇인가의 진정한 일부가 된다는 것이 어떤 기분인지를 경험했다. 그녀는 자신의 몸과 자신의 생각도 다르게 보기 시작했다. 자신을 영장류 무리에 속하는 하나의 영장류로 보게 된 것이다.

제2장에서 설명한 개코원숭이의 인사 의식과 같은 진지한 과학 연구를 수행하면서, 스머츠는 아주 작은 행동의 변화를 포착하기 위해서 영상 촬영을 활용했다. 그러나 개코원숭이와 함께한 그녀의 개인적인 경험도 연구에 지대한 영향을 미쳤다. 그 경험을 통해서 그녀는 어떤 연구자도 알지 못한 개코원숭이 사회의 일면을 꿰뚫어볼 수 있었다. 미

어켓 연구자들을 연구한 인류학자 마테이 칸데아의 말에 따르면, 연구하는 동물과의 밀접한 상호작용은 과학 문헌에서는 찾을 수 없는 종류의 통찰을 제공한다.[5] 스머츠와 마찬가지로, 그는 동물이 연구자들에게 훈련받는 방식 그대로 연구자를 훈련시킨다는 것을 증명했다. 연구자가 동물과의 접촉을 피하는 것은 어쨌든 종종 불가능한 일이므로, 오히려 연구자들과 동물의 상호작용 같은 활동을 연구 자료에 포함시키는 것도 우리의 지식을 향상시키는 하나의 방법이다. 영리한 말 한스의 사례에서 이와 동일한 방식을 지적한 데스프레의 견해도 마찬가지이다. 스머츠와 개코원숭이의 사례에서처럼, 동물의 행동을 읽는 방법을 배우고 일종의 공용어를 개발할 때, 연구자들은 그 동물을 훨씬 더 다채로운 시각으로 바라보고 그들의 삶에 관해서 한결 더 깊은 통찰을 하게 된다. 이는 연구에도 영향을 미친다. 만약 우리가 동물을 그들만의 세계관을 가지고 있는 대상으로 생각한다면, 우리가 그들에게 던지는 질문의 내용과 방식도 달라질 것이다.[6]

1960년대에 제인 구달은 곰베에서 침팬지를 연구했고,[7] 그 침팬지들에게 이름을 지어주었다. 그녀는 침팬지를 "그것"이라고 부르지 않고, "그" 또는 "그녀"라고 불렀다. 대다수의 과학자들은 침팬지의 인간화를 용납할 수 없다고 생각했다. 구달의 연구는 침팬지가 도구를 사용하는 모습을 최초로 보여주었다는 면에서 대단히 중요했다. 당시에는 도구의 사용이 인간과 다른 동물을 구별 짓는 결정적인 차이라고 생각했기 때문이다. 구달을 비판하는 사람들은 그녀의 방식이 정통에서 조금 벗어나 있다고 생각했지만, 구달의 발견은 그녀가 영장류 연구에 중대한 기여를 하고 있음을 똑똑히 보여주었다.

일부 과학자는 여전히 의인주의를 경계하고 있지만, 최근 우리는 동물을 주체로 보는 확실한 움직임을 보았다. 다른 동물에 대한 어떤 생각과 감정도 없는 것은 중립적인 자세가 아니며, 따라서 그것을 "의인화 부정"이라고 부른다. 오직 인간만이 가지고 있다고 생각하는 많은 특성들은 당연히 다른 동물들에게서도 발견된다. 사랑에 관한 로렌츠의 글을 예로 들어보자. 로렌츠는 종종 인간의 개념을 활용하여 그와 함께 살고 있는 동물들의 행동과 감정을 묘사하고는 했는데, 그로 인해서 많은 비판을 받았다. 동물들 사이의 낭만적인 사랑에 관한 글을 썼을 때에는 의인주의라는 비난을 받았지만, 동물 간의 사랑은 이후 다른 곳에서도 증명되었다.[8]

동물 언어의 연구에서는 종종 의사소통이 연구의 성공을 위한 전제 조건이 된다. 이는 앵무새 알렉스에 대한 아이린 페퍼버그의 연구에서 찾아볼 수 있다. 알렉스에 대한 연구를 가능하게 하기 위해서, 페퍼버그는 자신과 알렉스가 서로를 얼마나 이해할 수 있는지를 알아야 했다. 알렉스의 경우에는 단어가 도움이 되었다. 스머츠와 개코원숭이는 주로 눈맞춤, 몸짓, 신체 언어로 의사소통을 했다. 이는 실험실에서 이루어지는 이중맹검 연구보다 덜 과학적으로 보일지 모른다. 그러나 이중맹검 연구 역시 동물에 대한 어떤 가정을 토대로 하며, 경우에 따라서는 그 가정이 편견일 때도 있다.

## 현상학

바바라 스머츠의 연구는 동물을 연구하는 최선의 방법을 알려줄 뿐만 아니라, 다른 누군가를 알아가는 과정의 중심에 경험의 역할이 자리하게 한다. 생각은 종종 마음속에서 일어나는 것으로 간주되지만, 이는 몸과 마음의 분리, 생각과 세계의 분리를 암시한다. 이런 관점에 반기를 든 20세기 철학 사조인 현상학에서는 현상에 대한 경험을 중시한다. 경험주의(모든 지식은 경험에서 나온다고 가정하는 것), 합리주의(유일한 지식의 원천은 이성이라는 생각)와는 달리 현상학은 지각의 본질에 집중한다. 현상학자에 따르면, 경험은 항상 무엇인가에 집중된다. 우리는 단순히 닥치는 대로 보지 않는다. 우리는 항상 의미가 있는 대상을 쳐다본다. 이처럼 세상의 무엇인가에 집중하는 것을 지향성이라고 한다. 현상학에서는 경험을 강조하기 때문에 사고는 항상 필연적으로 세상과 지각과 경험과 연결되어 있다.

프랑스의 현상학자인 모리스 메를로퐁티의 주장에 따르면, 생각은 항상 체화되는 것이다.[9] 그는 신체는 세상의 다른 대상들과 똑같은 단순한 대상이 아니라고 지적했다. 신체를 탁자와 비교할 수는 없다. 우리가 신체를 **가지고** 있는 것이 아니라, 우리 **자체**가 신체이다. 만약 우리가 오른손으로 왼손을 만지면, 오른손은 만지는 대상이 되는 동시에 우리에게는 오른손의 촉감이 전달된다. 우리가 스스로를 촉감의 대상으로 느낄 수 있다는 사실은 우리를 하나의 신체적 자아로 만든다. 몸은 경험을 가능하게 한다. 그리고 우리가 지식을 습득하는 방법인 지각은 인지 활동이기 이전에 먼저 물리적인 활동이다. 우리의 몸속에는 우리의 과거도 담겨 있다. 우리의 몸에 기록되어 있는 이전의 경험들은 우리가 세상을 특별한 방식으로 감지한다는 사실을 확실히 보여준다. 습관 역시 주로 신체적이다. 우리는 습관을 개발함으로써 우리 몸이 할 수 있는 행동을 추가하는데, 이는 우리의 일상생활을 풍요롭게 해준다.

메를로퐁티에게는 언어도 체화되는 것이다. 보통 우리는 머릿속에서 생각을 형성한 다음 말을 한다고 생각한다. 인터뷰를 하거나 책을 쓸 때에는 아마도 그런 방식이 작용하겠지만, 대개 말을 할 때에는 이전에 형성된 생각을 표현하지는 않는다. 언어는 신체적인 활동이다. 우리는 말을 함으로써 생각을 한다. 우리가 하는 말은 우리의 생각을 완성하고 그 생각을 우리 자신의 것으로 만든다. 말은 우리 몸의 도구들 가운데 하나이다. 메를로퐁티는 말을 "세상을 노래하는 방법"이라고 칭하기도 했다. 우리는 몸으로 다른 사람들을 이해하고, 언어와 말하기로 대상들을 서로 연결하며 세상과도 연결한다.

또한 다른 현상학자인 독일의 철학자 마르틴 하이데거는 존재Sein란 무엇인지를 연구했다.[10] 그는 그것을 철학의 핵심적인 질문이라고 보았다. 하이데거는 우리가 이 세계에 어떻게 놓여 있는지에 대한 몇 가지 특성을 묘사했는데, 이 특성 역시 동물에 관해서 생각하고 동물과 함께하기 위해서 중요하다. 첫째, 우리는 자리를 차지한다. 이는 우리의 존재가 태어날 때부터, 하이데거의 말에 따르면 "세계에 던져진" 순간부터, 세계에 의해서 형성되어왔으며 세계의 형성을 돕고 있다는 의미이다. 우리는 우리 자신을 벗어난 시각을 가질 수 없다. 우리의 발상과 사고는 진공 속에 존재하지 않으며 우리의 경험에 의해서 물든다. 둘째, 우리는 실존적인 수준에서 항상 다른 사람들과 함께 있다. 하이데거의 말은 우리가 혼자가 아니라는 뜻이 아니다. 사실 우리는 혼자이지만, 동시에 다른 이들과 함께하는 존재이다. 이는 언어에 대한 그의 글에서 더욱 명확하게 드러난다. 하이데거는 그가 "세계"라고 부르는 것이 언어와 강하게 연결되어 있다고 보았다. 하이데거의 세계는 지구라는 행성이 아니라 우리의 "생활세계lifeworld"이다. 우리는 자신을 언어로 표현하고, 그렇게 함으로써 생활세계를 형성함과 동시에 언어를 통해서 생활세계를 이해한다. 그는 언어를 존재의 집이라고 부르기도 한다. 우리는 언어를 통해서 우리 자신을 자아로 이해할 수 있다. 언어가 없으면 우리는 눈앞의 경험에만 빠져 있게 된다.

메를로퐁티와 하이데거는 인간은 다른 동물들과 다르다고 보았다. 하이데거에 따르면, 인간은 근본적으로 자신을 존재로 이해할 수 있지만 다른 동물들은 그렇지 못하기 때문이다. 메를로퐁티에게 인간과 동물은 모두 육체로 존재하므로 연관이 있지만, 인간과 다른 동물들은 존재의 유형이 다르다. 비록 하이데거와 메를로퐁티는 언어와 같은 특징이 동물에게도 있다고 보지는 않았지만, 그리고 하이데거는 인간의 합리성을 지나치게 강조했지만, 그래도 그들의 이론은 동물에 관한 생각에 빛을 더한다. 바로 세계에서의 존재와 물리적 특성을 강조하기 때문이다.

## 비트겐슈타인의 사자

비트겐슈타인의 후기 연구도 현상학으로 분류될 수 있다.[11]

그는 초기 연구에서는 확고한 불변의 원리를 언어에서 찾았지만, 결국에는 언어가 그런 식으로 정의될 수 없음을 깨달았다. 앞에서 나는 동물의 언어에 관한 생각에서 비트겐슈타인 사상의 중요성을 이야기했고, 여기에서는 그 요소들 중의 하나인 사회적 관습의 중요성에 대하여 살펴보고자 한다. 철학자들이 비트겐슈타인과 동물에 관한 이야기를 할 때, 아니면 언어와 동물에 관한 이야기를 할 때에 종종 인용하는 말이 있다. “만약 말을 할 수 있는 사자가 있더라도, 우리는 그 사자를 이해할 수 없을 것이다.” 이 말에는 동물은 우리와 너무 다르기 때문에 공동의 언어가 있더라도 우리는 여전히 그들의 말뜻을 이해하지 못할 것이라는 의미가 담겨 있다. 그러나 그러한 해석은 옳지 않을 뿐만 아니라, 비트겐슈타인의 철학을 제대로 이해하지 못하고 있다는 사실을 드러낸다. 먼저, 여기에서 비트겐슈타인은 동물에 관한 이야기를 하는 것이 아니다. 사자는 단순히 예일 뿐이다. 이는 인용문의 앞부분을 읽으면 명확해진다. 그 글에서 비트겐슈타인은 인간이 서로를 이해하기 어려울 수도 있다고 썼다. 그리고 우리는 낯선 나라를 방문했을 때에 그런 경험을 할 수 있다. 사전을 가지고 간다고 해도, 우리는 그들의 신체 언어와 관습을 알아차리지 못해서 그들을 이해하지 못할 수도 있다. 말만으로는 그 간극을 메우기에 부족하다. 그래서 비트겐슈타인은 인간과 아주 다른 무엇인가로서 사자를 예로 든 것이다. 여기에서 중요한 점은 그가 개나 고양이 같은 길들여진 동물을 언급하지 않았다는 사실이다.

비키 헌도 이 인용문을 다루면서, 비트겐슈타인이 사자와 인간의 다른 점을 과장하고 있다고 주장한다.[12] 사자 훈련사는 사자를 아주 잘 이해할 것이다. 사실 사자와 그들의 훈련사에게는 이미 공동의 언어가 있다. 나는 사자를 우리와 완전히 다른 존재로 묘사하는 것은 과장이라는 헌의 말에는 동의하지만, 비트겐슈타인의 글의 저변에 깔려 있는 핵심을 들여다보는 것도 중요하다고 생각한다. 즉 완전히 색다른 낯선 문화에 속해 있는 사람들을 이해하기는 대단히 힘들다는 점이다. 비트겐슈타인은 언어가 우리의 생활 방식과 연결되어 있으며, 특별한 활동과 연관된 어떤 맥락을 통해서만 그 의미를 전달한다고 말한다. 다른 언어에 관해서 의미 있는 무엇인가를 말하고 싶다면, 그 언어가 실제로 활용되는 관습을 공부를 해야 한다. 만약 우리가 다른 사람이나 다른 동물을 이해할 수 없다면, 그것은 우리가 그들의 마음이나 생각에 접근할 수 없기 때문이 아니다. 그들의 습관과 예절, 그밖에 함께 살아가면서 부여된 의미들에 익숙하지 않기 때문이다. 이는 반대로도 작용한다. 인간과 다른 동물이 한 집에서 한 가족처럼 함께 살다 보면 서로에 대한 이해가 더욱 깊어진다.

## 상대에 대한 의심과 지식

어떤 철학자는 우리가 확실히 알 수 있는 것은 아무것도 없다고 생각한다. 이런 태도는 철학적 회의주의라고 불리는데, 서양철학의 전통 속에는 이와 관련된 여러 가지 변형 이론들이 있다. 최초의 회의주의 사상가들은 고대 그리스 철학자들 중에서 찾을 수 있다. 회의주의를 대표하는 최초의 철학자로 알려져 있는 엘리스 출신의 피론(기원전 360-275)은 우리가 세우는 전제는 모두 다른 전제를 기반으로 한다고 믿었다. 그는 우리는 아무것도 확실히 알 수 없으며, 우리의 판단에 대해서 늘 성찰해야 한다고 믿었다. 다른 태도를 지지하는 주장들 중에도 좋은 견해가 있으므로, 하나의 태도를 취하기보다는 판단을 미루는 편이 더 낫다는 것이다.[13] 데카르트는 극단의 의심을 통해서 어떤 지식에 도달하는 것을 목표로 하는 근대적인 회의주의를 내놓았다. 사고의 토대에 대한 연구에서, 그는 앎이 정말로 가능한지에 대한 의문을 던졌다. 데카르트는 정신과 육체, 지성와 감정이 서로 분리되어 있다고 보았다. 생각을 함으로써 우리는 우리가 존재한다는 것을 생각할 수 있다. 그외에는 무엇도 확실하지 않다. 앞에서 논의했듯이 데카르트는 동물이 말을 할 수 없기 때문에 생각도 할 수 없다고 보았다. 그러나 상대를 생각하고 아는 것에 대한 그의 견해는

인간에 관해서도 영향을 미쳤다.[14]

유아론唯我論은 회의주의와 관련이 있는 주장으로, 마음과 정신을 분리한 데카르트의 학설에서 파생되었다. 유아론자는 나 자신이라는 하나의 의식만 있으며, 이것이 우리가 확신할 수 있는 유일한 사실이라고 전제한다. 우리 주위에 있는 사람들은 우리 자신처럼 의식을 가진 사람일 수도 있지만, 매우 정교한 로봇일 수도 있다. 아니면 우리는 신의 장난에 놀아나고 있을 수도 있다. 역사 전체가 가짜로 꾸며졌을 수도 있다. 이는 아주 비논리적으로 보이지만, 비논리적으로 보이는 이유도 우리를 둘러싼 세계에 우리가 너무 익숙해져 있기 때문일지도 모른다. 유아론은 증명하기도, 묵살하기도 어렵다. 다른 사람에게 우리의 존재를 일말의 의혹도 없이 증명하기는 불가능하기 때문이다. 그냥 이런 주장도 있다는 점만 생각하자.

일상에서 다른 사람들을 알 수 있다는 생각을 회의적으로 고려할 때, 언어는 중요한 역할을 한다. 우리는 언어를 활용함으로써 우리 자신에 관한 정보를 다른 사람들에게 꽤 정확하게 전달할 수 있고, 다양한 주제에 관한 논의를 할 수 있다. 인간은 종종 인간의 언어가 다른 동물의 언어보다 더 높은 위치에 있다고 생각한다. 인간의 언어는 다른 사람들을 이해하는 데에 중요한 역할을 할 수도 있지만, 기만을 할 수도 있다. 게다가 다른 종에 속해 있다는 사실이 상대를 이해하고 아는 일에 방해가 되어서는 안 된다. 다른 동물에 대해서는 회의적이고 인간에 대해서는 그렇지 않은 것은 실제로 문제가 있다.

회의론의 주장은 반박하기가 어렵다. 비트겐슈타인은 언어의 공공성을 언급함으로써 이를 반박한다. 언어는 누군가의 마음속이 아니라 사람들 사이에서 의미를 인정받는다. 그러나 여기에서 나의 주요 목표는 회의론에 대한 반박이 아니다. 나의 요점은 간단하다. 인간이 아닌 다른 동물에 대해서만 회의적인 것은 동물의 마음과 동물의 언어에 대한 고정관념적인 시각을 바탕으로 하는 일종의 차별이라는 것이다. 비인간 동물은 대부분 인간의 언어로 자신을 표현하지 않는다. 그러나 인간과 다른 동물들 사이에는 서로 이해할 수 있는 다양한 형태의 의사소통 방법, 즉 공동의 언어 게임이 있다. 우리는 종종 동물들이 말하고자 하는 바가 무엇인지를 알아차리는데, 이는 그들 역시 마찬가지이다. 언어는 단순히 마음속에 있지 않다. 사회적 관습을 토대로 하며, 사회적 관습을 담고 있다. 따라서 마음이, 다른 누군가가 접근할 수 없는 닫힌 공간이라는 생각은 이치에 맞지 않는다.

반신반의를 경험하는 동물이 인간밖에 없다고 믿는 사람이라면, 게임을 하면서 잘못된 선택을 하기보다는 그 게임을 아예 건너뛰려는 마카크원숭이들을 생각해보자.[15] 연구자들은 마카크원숭이들에게 컴퓨터 화면에 배열된 점들의 개수를 평가하도록 가르쳤다. 원숭이들은 "빽빽하다dense"는 뜻으로 "d"를 고르거나 "듬성듬성하다sparse"는 뜻으로 "s"를 고를 수 있었다. 답이 맞으면 먹이가 주어졌고, 답이 틀리면 게임이 중단되었다. 그런데 원숭이들은 물음표도 고를 수 있었다. 물음표를 고르면 먹이를 받을 수는 없지만, 다음 기회를 얻기 위해서 기다리지 않아도 되었다. 마카크원숭이는 답이 의심스러우면 항상 물음표를 선택했다.

## 박쥐가 된다는 것은 무엇일까

어느 유명한 논문에서, 미국의 철학자 토머스 네이글은 박쥐가 된다는 것은 무엇일까라는 의문을 제기했다.[16] 그가 이런 주제의 글을 쓴 이유는 실제로 박쥐가 된 느낌을 이해하고 싶어서가 아니라, 의식에 관한 주장을 하면서 박쥐를 하나의 예로 든 것뿐이다. 네이글에 따르면, 정신적인 상태를 전부 육체적인 상태로 환원시키기는 불가능하다. 그러나 우리가 곧 우리의 뇌라고 확신하는 사람들은 그것이 가능하다고 생각할지도 모른다. 이는 우리의 경험에 주관적인 특성이 있다는 사실을 인정하지 않고, 따라서 우리의 의식을 설명하지도 않는다. 우리는 우리 종의 전형이 아니다. 우리는 우리 자신으로서 무엇인가를 경험하므로,

같은 고통이라도 다른 사람과는 다르게 느낄지도 모른다. 사람이 시각을 이용하듯이, 박쥐는 초음파의 반향을 이용하여 의사소통을 하고 방향을 잡는다. 우리는 초음파의 반향을 이용하고, 날아다닌다는 것이 어떤 것인지 상상할 수는 있다. 그러나 박쥐로 자라면서 경험하는 세상이 박쥐에게 어떨지를 우리가 알 수 있다는 뜻은 아니다. 만약 우리가 점점 박쥐로 변한다고 하더라도, 우리에게는 박쥐 특유의 지식이 여전히 부족할 것이다. 이런 생각은 다른 경험으로도 확장될 수 있다. 우리는 박쥐가 느끼는 고통을 상상할 수는 있지만, 박쥐가 고통을 어떻게 느끼는지는 알지 못한다.

그 존재가 인간이든 박쥐든, 다른 존재의 고통을 느끼는 것이 어떤 것인지를 우리는 결코 확실히 알 수 없다는 네이글의 말이 옳기는 하지만, 그래도 우리는 확실히 다른 존재들에 공감할 수 있다. 또한 우리는 행동을 관찰하거나 상호작용을 하거나 의사소통의 형식을 읽음으로써 다른 존재들을 알아가는 방법을 배울 수도 있다. 그리고 그렇게 함으로써 그들이 어떻게 느끼고, 왜 그렇게 느끼는지를 더 잘 이해할 수 있다. 우리는 박쥐가 된다는 것이 무엇인지를 상상할 수 있다. 그리고 그것이 다른 인간이 된다는 상상과는 어떻게 다른지, 가령 당신이 여자라면 남자가 되는 것, 혹은 그냥 다른 사람이 되는 것과는 어떻게 다른지를 생각해볼 수도 있다. 다른 누군가가 되는 것이 어떤 것인지에 대한 상상은 단순히 생각의 문제가 아니다. 공감과 독창성도 중요하고 다른 사람을 알 수 있어야 하며, 경험으로 그들의 의식에 대한 통찰을 얻을 수도 있어야 한다. 이것은 양자택일을 해야만 하는 문제는 아니다. 어쩌면 우리는 개처럼 냄새를 맡을 수 있는 것이 정확히 무엇인지, 그리고 그 행동이 개의 경험에 어떤 종류의 영향을 미치는지를 상상하기란 불가능할지도 모른다. 그러나 그렇다고 해서 우리가 그것을 묘사할 수 없다거나 개를 전혀 이해할 수 없음을 의미하지는 않는다.

## 현상학적인 말과 개

그렇다면 영리한 한스는 얼마만큼 영리했을까? 인간의 기준으로 측정한다면, 다시 말해서 수학적 능력과 음악적 능력만을 지능의 표현으로 간주한다면, 한스는 그다지 명석하지 않았다. 만약 우리가 보편적인 인간의 문법을 한스에게서 발견하기를 원한다면, 그의 언어 능력을 기반으로 해서는 별반 성과를 보지 못할 것이다. 만약 우리가 한스의 뇌를 검은 상자로 간주한다면, 그가 조금은 영리하다고 볼 수도 있다. 자신이 무엇을 하고 있는지를 이해하지는 못했을지 몰라도, 어쨌든 한스는 인간이 만드는 미묘한 신호를 감지하여 어떤 임무를 수행하는 방법을 스스로 터득했기 때문이다.

데리다의 글에서, 철학적 전통은 동물이 질문에 응답할 가능성을 인정하지 않았다.[17] 그 첫 번째 이유는 동물은 대답이 아닌 반응만을 할 수 있다고 간주되어 자동적으로 논의에서 제외되었기 때문이고, 두 번째 이유는 질문이 인간 맞춤형으로 제시되었기 때문이다. 한스는 인간의 기준에 맞추어 지능이 측정되었고, 그래서 별로 영리하지 않다고 여겨졌다. 한스에 대한 연구는 인간과의 상호작용에 초점이 맞추어졌기 때문에, 우리는 한스가 말들 사이에서 얼마나 똑똑했는지는 알지 못한다. 그러나 우리가 확실히 아는 사실은 한스가 인간-말의 의사소통에서는 영민하고 유능한 학생이었다는 점이다. 한스는 인간의 신체 언어를 읽는 방법을 빠르게 배웠고, 그에게 신호를 더욱 잘 줄 수 있는 방향으로 신체 언어를 사용하도록 인간을 가르칠 수도 있었다. 말은 그들의 신체를 활용해서 다양한 방식으로 의사소통을 한다. 예를 들면 말은 귀를 거의 180도 돌릴 수 있는데, 귀의 위치를 이용해서 어디에서 먹이를 찾을 수 있는지, 또는 근처에 포식자가 있는지에 관하여 서로 이야기한다. 따라서 몸은 한스의 생각과 의사소통에서 중요한 역할을 했다.

개코원숭이 연구자인 스머츠도 인간과 다른 동물이 서

로 이해해나가는 과정에서의 몸의 역할과, 다른 동물과 함께 살면서 공통의 지식을 만들 수 있는 방법에 관한 글을 쓴 적이 있다. 반려견 사피를 입양했을 때, 스머츠는 사피를 개코원숭이처럼 나름의 방식대로 삶을 바라보는 하나의 개체로 여겼다.[18] 스머츠는 사피를 훈련시키려고 하지 않고, 대신 몸짓과 말과 표정을 활용해서 사피와 동등하게 의사소통을 했다. 스머츠는 항상 사피에게 말을 걸었다. 특히 식사나 산책처럼, 둘 다 흥미를 가지고 있거나 의견이 일치하지 않는 것에 관해서 이야기했다. 만약 하지 않았으면 하는 행동을 사피가 하면, 스머츠는 사피에게 말로 그 생각을 전했다. 그러면 스머츠의 말과 목소리의 분위기를 통해서 사피는 그녀가 무엇을 원하는지를 충분히 이해했다. 어떤 상황에서는, 예를 들면 번잡한 도시에서는, 스머츠의 결정을 따랐다. 반면 등산이나 캠핑을 갈 때에는 사피가 길을 앞장섰다. 이런 식으로 서로에게 관심을 기울인다는 것은 스머츠와 사피가 친밀한 관계를 형성하고 있다는 의미였다. 둘은 아침 요가 같은 일상의 습관과 의식을 만들어나갔다. 메를로퐁티는 주로 몸의 수준에서 생기는 습관에 관해서 썼다. 그런 습관들은 우리의 삶을 더 풍요롭게 만든다. 우리 삶의 새로운 습관은 우리의 존재를 한 층 더 깊이 있게 만들어준다.

둘 사이의 상호작용은 인간과 개를 모두 변화시켰다. 그들의 세계는 확장되었고, 그 과정에는 언어가 중요한 역할을 했다. 스머츠는 자신의 경험 수준에서 사피와 나눈 상호작용을 묘사했고, 사피의 경험에 대해서도 묘사했다. 이것은 실험으로 동물의 반응 조사하기나 사색을 통해서 동물에 관한 사실을 알아내려는 시도와는 출발점부터 다르다. 여기에서는 상호작용에 주안점을 두었다는 점이 중요하다. 스머츠는 한 동물에 대해서 미리 계획을 세워두고 그 계획을 따르는 인간처럼 행동하지 않았다. 대신 사피가 무엇을 하는지를 항상 지켜보다가 자신의 행동과 판단을 그에 맞춰서 조절했다.

비트겐슈타인은 생각의 많은 문제들이 언어에 대한 오해에서 비롯된다고 썼다. 이를 피하기 위해서는 언어가 어떻게 쓰이는지를 살펴볼 필요가 있다. 동물에 대한 서로 다른 접근법들은 다양한 지식을 제공하는 언어 게임으로 보일 수 있다. 연구를 할 때든 하지 않을 때든, 동물과의 의사소통에서 동물은 오랫동안 객체로 여겨지고 연구되었다. 이런 지배적인 언어 게임은 동물에 대한 새로운 사고방식의 가능성을 흐릿하게 만들었다. 대체로 그 이유는 이런 언어 게임이 동물을 객체로 보는 이미지를 더욱 굳히는 결과만을 내놓기 때문이다. 스머츠의 연구는 가능한 대안이 있음을 보여주고, 이 대안이 오래된 질문들에 대한 새로운 통찰을 제공할 수 있다는 점도 보여준다. 상호주관성으로 향하는 스머츠의 행보는 비인간 동물의 경험뿐만 아니라 연구자들의 경험과 둘이 함께하는 경험에 이르기까지, 우리에게 연구 경험에 대한 새로운 선택권을 준다.

# 구조, 문법, 해독

문어는 뇌가 있기는 하지만 아주 작다. 대부분의 신경세포는 다리에 있는데, 뇌와 별개로 작동하며 미각과 촉각을 느낄 수 있다. 문어는 다리로 생각하고, 인간에 비해서 그 "자아"가 주위 환경과 훨씬 더 강하게 연결되어 있다고 말할 수 있다.

기억력과 학습 능력에 대한 행동 연구와 뇌를 토대로 볼 때, 문어, 갑오징어, 오징어를 포함하는 해양 연체동물 무리인 두족류에게는 의식이 있다고 간주된다.[1] 확실히 두족류 가운데에는 능력이 매우 뛰어난 종들이 많다. 실험실에 있는 문어는 밤에 수조를 빠져나와서 종종 근처에 있는 수조의 물고기를 잡아먹고, 때로는 자발적으로 수조로 다시 돌아간다고 알려져 있다. 또한 문어는 쪼개진 코코넛이나 잼 병 같은 것들을 이용하여 몸을 숨기기도 한다.[2]

어떤 두족류에게는 피부가 마법의 기관이다. 근육을 수축하거나 이완하여 색을 바꿀 수 있는 색소세포를 함유한 피부를 가지고 있는 이 두족류는 위장의 명수일 뿐만 아니라, 색을 환상적이고 리드미컬하게 변화시킬 수도 있다. 두족류는 이런 복잡한 유형의 색 변화를 통하여 심해에서 다른 두족류와 광범위한 의사소통을 한다. 그들에게는 외형이 하나의 행동 요소이다. 피부의 색깔과 질감 변화는 물론 자세와 움직임도 그들에게는 의사소통의 한 방법이다.

카리브암초오징어의 신호와 인간의 언어 사이의 유사성을 연구한 생물학자 모이니핸과 로다니치는 카리브암초오징어의 색 변화 유형이 구조적인 복잡성이라는 측면에서 새와 영장류의 언어와 비슷하다는 사실을 밝혔다.[3] 이 오징어의 의사소통은 우리가 인간 언어만의 특징이라고 여기는 여러 가지 기준들을 만족시킨다. 이를테면, 그 색들은 외부 세계의 일면들을 나타낼 수 있는 것으로 보인다. 서로 다른 신호는 그들이 전달하고 싶은 메시지의 특정 내용과 그것의 효과와 범위와 정확도를 나타낼 수 있다.[4]

동물 언어의 구조와 복잡성에 관한 연구는 비교적 새로운 분야이다. 동물은 외마디 소리를 통해서만 서로 의사소통을 한다고 오랫동안 추측되었고, 그래서 동물 언어의 문장구조까지 파고든 연구는 거의 없었다. 한 가지 예외가 새소리인데, 새소리에 대해서는 꽤 광범위하게 연구가 이루어졌지만 새의 언어가 의미하는 바에 대한 정보는 거의 얻지 못했다.

## 구조

문법은 언어의 구조를 관장하는 규칙의 집합이다. 현대

언어학의 토대를 닦은 스위스의 언어학자 페르디낭 드 소쉬르는 언어의 기본 구조를 랑그langue, 화자의 실제 발화를 파롤parole로 구별했다. 그는 언어를 공부할 때에는 랑그를 살펴봐야 한다고 제안하는데, 그 이유는 언어의 용법이 너무 쉽게 변하기 때문이다. 단어들은 나타났다가 사라지지만 문법은 변하지 않는다. 언어는 랑그와 파롤이 함께 만든다. 둘은 완전히 분리될 수 없다. 언어의 용법은 언어의 구조를 결정하고, 발화는 한 언어의 구조를 배경으로 의미를 획득한다.

소쉬르는 단어의 2가지 측면을 기호(종이 위에 쓰인 글자나 소리 따위)의 표현인 기표記標와 기표가 가리키는 것의 정신적 개념인 기의記意로 구별했다. 기의를 (지시 대상이라고 알려져 있는) 외부 세계의 물리적 대상과 혼동해서는 안 된다. 소쉬르에 따르면, 단어는 외부 세계가 아니라 언어 안에서 의미를 얻는다. 이를테면, "고양이"이라는 단어는 고양이와 아무 관계가 없다. "고양이"이라는 단어는 세상에 있는 진짜 고양이로부터 의미를 얻지 않고, "강아지"나 "송아지" 같은 다른 단어와의 차이를 통해서 의미를 얻는다. 그래서 소쉬르는 우리가 언어를 공부할 때에는 기호들이 외부 세계에서 무엇을 가리키는지에 집중하지 말고, 그 기호들이 서로 어떻게 연결되어 있는지에 초점을 맞춰야 한다고 말한다.[5]

소쉬르의 생각을 기반으로 하는 사회과학 운동인 구조주의는 인간이 사회구조에 영향을 주는 것이 아니라, 기본적인 사회구조가 인간에게 다방면으로 영향을 미친다고 가정한다. 구조주의는 1960년대와 1970년대에 언어학, 인류학, 심리학, 심지어 역사학에 이르기까지, 여러 다양한 학문 분야에서 인기를 얻었다. 이 분야들에서는 연구의 초점이 인간의 행동에서 그런 행동을 형성하는 고정된 기본 구조로 옮겨갔다. 모든 것들을 결정하는 탄탄한 기본 구조는 아직도 발견될 기미가 보이지 않는 탓에 구조주의의 인기는 이제 시들해졌지만, 동물 언어의 연구 같은 색다른 분야에서는 구조주의의 일면들이 여전히 발견되기도 한다. 여기에는 어느 정도 위험 부담이 있다. 만약 우리가 언어나 행동을 기저에서 관장하는 고정된 기본 구조에만 초점을 맞춘다면, 우리는 연구 대상에 대해서 일종의 기계적인 이해를 얻게 될 것이다. 자율이나 창의성의 여지가 거의 없는 이런 이해로 인해서, 동물을 대상으로 한 연구는 지능보다는 본능에 더 치중하게 되었다.

오랫동안 다른 동물들은 미리 프로그래밍된 것처럼 본능에 따라서만 행동한다고 생각되었다. 이 개념에 따르면, 동물들 사이의 의사소통은 모두 특정한 틀을 가지고 있으며, 동물의 반응은 그 동물 자체에 뿌리를 둔 그 틀 안에서 정해진 대로만 일어난다. 이 모형에서 동물은 단순한 언어를 사용하며 창의성이 허락되지 않는다. 동물은 대체로 일어나는 사건에 단편적인 반응을 보일 뿐이다. 동물의 언어와 관련해서 이러한 인상이 지배적인 까닭은 그런 연구가 발달한 학문 분야와 어느 정도는 연관이 있다. 동물 연구는 주로 생물학과 동물행동학에서 이루어진다. 이들 분야의 주된 관심사는 미리 결정되어 있는 기준을 토대로 특정 종의 특성을 밝히는 것이지, 우리가 생각하는 언어의 의미를 밝히는 것이 아니다. 동물에게 언어가 있다고 주장하는 슬로보치코프는 언어학과 동물을 연결하기 위한 연구를 해왔다. 그러면서 그는 동물 언어의 구조에 대한 경험적인 연구 조사의 중요성을 지적한다. 그는 촘스키의 보편문법을 인간 사회와 비인간 사회의 개체들 속에 있는 일종의 내적 언어 구조라고 여긴다. 슬로보치코프의 글에 따르면, 이런 구조가 사회성 동물 종에서 발견될 수 있는 까닭은 모든 사회성 동물들은 우리가 환경에 대처할 때와 비슷한 문제에 직면하기 때문이다. 또한 그는 그 증거로서 모든 척추동물 종의 DNA에 있는 언어 유전자를 찾고 있다.[6]

슬로보치코프가 구상하는 언어에 대한 그림에는 문제가 있다. 언어는 단순히 태어날 때부터 타고나는 체계기 아니다. 만약 경험적으로만 언어를 연구한다면, 우리는 인간과 다른 동물들이 가진 언어의 의미를 상당 부분 놓치게 된다. 경험적 연구는 다른 동물들의 언어의 복잡성에 관해서 많은 부분들을 가르쳐줄 수 있지만, 우리가 그것을 해석하려면 문법과 언어가 무엇인지를 다시 생각해볼 필요가 있다. 이 역시 철학의 문제이다.

## 새의 문법

새소리는 가장 광범위하게 연구된 동물의 소리이다. 새소리는 일반적으로 노래와 경고 소리 같은 신호로 나뉘는데, 노래는 구조가 더 복잡하고 다른 기능들을 가진다. 새는 목소리를 내어 노래를 부르지만, 깃털, 날개, 꼬리, 발, 부리 따위를 이용하여 소리를 만들거나 왜곡시키기도 한다. 딱따구리의 나무 쪼는 소리나 날개를 퍼덕이는 소리도 의사소통에 포함될 수 있다. 새의 발성기관인 울대는 공기의 통로인 숨관의 끝에 위치하며, 성대 없이도 소리를 낼 수 있다. 근육이 울대의 연골과 막을 진동시키는데, 그 진동으로 소리가 만들어지는 것이다. 명금류 중에는 노래를 하면서 동시에 울대로 다른 소리를 낼 수 있는 새들이 많이 있다. 새는 큰 소리뿐만 아니라, 아주 작은 소리로 속삭이듯이 노래할 수도 있다.

오랫동안 새들은 암컷의 환심을 사거나 영역을 지키기 위해서만 노래를 부른다고 추정되었다. 노래의 내용에 대해서는 더 깊이 파고들어서 생각하지 않았고, 노래의 구조는 폐쇄적이라서 정해진 유형에 따라서만 노래를 한다고 믿었다. 그러나 찌르레기의 노래에 대한 연구를 통해서 상황이 그렇게 간단하지 않다는 것이 드러났다. 찌르레기의 노래는 하나의 구조가 그 자체로 구조의 일부가 되는, 즉 새로운 문장이 문장 속의 한 요소로 추가되는 재귀적 구조를 이루고 있었다. 찌르레기는 그들의 언어에 새롭게 재귀적으로 추가된 소리를 이해할 수 있다. 이는 그들의 언어가 인간의 언어처럼 개방적이라는 의미이다.[7] 따라서 찌르레기의 노래를 이루는 문장들은 미리 프로그래밍된 것이 아니며, 의미를 더하여 새로운 문장을 만들 수 있는 여지가 있다. 그러나 다른 연구에서는 찌르레기의 문법이 그렇게 변형이 가능하다는 사실과 인간의 문법처럼 작동한다는 점에 의문을 표한다. 비록 그 답에는 논란이 있지만, 질문을 던지고 답을 찾는 것은 의미가 있다.[8]

슬로보치코프는 푸른목벌새가 부르는 공격적인 노래의 복잡한 구조에 관해서 설명한다. 이 새의 노랫소리의 문법에 관해서는 제법 많이 알려져 있다. 서로 다른 5가지 소리가 확인되었고, C, Z, S, T, E로 분류되었다. C는 4개의 음이 동시에 나는 매우 짧은 소리이다. Z와 S는 더 길게 지저귀는 소리이며, 진동수가 서로 다르다. T는 갑자기 터져나오는 소리이며, E는 C처럼 4개의 음이 동시에 나는 소리이지만 진동수의 대역이 다르다. 이 소리들은 서로 다른 방식으로 조합된다. 때로는 Z로 시작하여 S, T, E 순서로 이어지다가 다시 S, T로 돌아간다. 또는 C로 시작한 다음 S와 T를 함께 노래하고 뒤이어서 T, 그리고 E를 부른다. 이 새의 노래에는 각기 다른 조합으로 이루어진 18개의 소리가 포함될 수도 있다. 찌르레기의 경우처럼, 이 노래들도 새로운 의미를 내포할 가능성이 있는 개방적인 체계이다. 그러나 우리는 그 의미에 대해서는 잘 알지 못한다. 이를 조사하기 위해서는 그런 노래가 사용되는 맥락에 대한 연구가 필요할 것이다. 우리는 이 노래들이 영역과 연관이 있다는 사실을 안다. 새들은 이 메시지들을 통해서 "꺼져", "자신 있으면 덤벼", "나는 네가 어디 사는지 안다"와 같은 의사를 표현하고 있을 것이다.[9]

미국박새는 앞에서 말했듯이 "치카디"라는 소리를 내면서 운다. 이 소리는 다른 새들과 사회적인 접촉을 할 때, 영역에 관한 논의를 할 때, 싸움을 하거나 다른 새에게 도전할 때에 사용된다. 그러나 그 소리를 단순히 "치카디"라고 표현하는 것은 온당하지 않다. 그 노래에는 엄청난 양의 정보를 전달할 수 있는 문법 구조가 담겨 있다. "치카디"는 4가지 요소로 구분될 수 있는데, 짧은 휘파람 소리, 음이 오르락내리락하는 더 짧은 휘파람 소리, 짖는 소리처럼 들리는 긴 소리와 아주 큰 소리가 있다. 모든 조합이 가능하며, 노래와 함께 내는 다른 소리(날개를 부딪치는 소리 따위)도 의미를 지닌다. 재귀적 반복은 여기에서도 확인되는데, 소리의 요소들이 아주 길게 이어지면서 반복되기도 한다. 미국박새가 낼 수 있는 소리 중에는 갈등 상황에서 사용하는 "가글gargle"이라는 소리도 있다. 가글은 대단히 복잡한 소리로, 0.5초 이상 지속되지 않는데 휘파람 같은 음의 연속으로 이루어져 있다. 또한 사람이 자신의 말을 강조하고 싶을 때에 하듯이, 소리와 함께 몸짓을 하기도 한다. 가글은 13개의 서로 다른 음으로 구성될 수 있으며, (글자와 음절로 단어가 만들어지듯이) 일정한 양식에 따라서 배열된다. 지금까지 확인된 가글은 모두 84개이다. 갈등이 계속되면, 미국박새들은 더욱 복잡하게 이어지는 소리를 만들어서 활용한다. 가글에는 구조가 있고, 미국박새는 상황에 따라서 가글을 적용한다.[10]

캐롤라이나박새의 울음소리도 문맥에 따라서 변화하는 4개의 요소로 이루어지는데, 그들의 소리에서는 순서가 중요한 것으로 드러났다. 연구자들이 실험에서 순서를 바꾸자, 새들은 반응을 보이지 않았다.[11] 인간은 단어의 순서가 정확하지 않아도 의미 없는 소리와 의미가 담긴 말의 차이를 구별할 수 있다. 푸른목벌새는 수컷과 암컷이 부르는 노래가 다르다. 수컷의 노래는 5가지의 범주로 나뉘고, 범주별로 소리의 조합이 다르다. 반면 암컷의 노래는 더 다양하고 복잡하며, 우리는 그 의미를 여전히 잘 알지 못한다.[12]

푸른목벌새의 노래는 아직 광범위한 연구가 이루어지지 않고 있다. 그러나 연구가 진행될수록 구조의 복잡성이 더 많이 드러나고 있다.

## 문법과 문맥

문법은 대개 어떤 언어를 쓰고 말하기 위한 규칙과 원리의 본체라고 간주된다. 비트겐슈타인 역시 의미 있는 언어의 용법이 규칙에 얽매여 있다고 생각했지만, 그가 사용한 "문법"이라는 단어는 말이 의미 있게 활용되는지를 결정하는 더욱 광범위한 규칙의 연결망을 의미했다. 따라서 그에게 문법은 하나의 언어를 배우고 올바르게 사용하기 위한 기술적인 설명으로 구성되어 있을 뿐만 아니라, 의미를 담은 언어의 활용을 나타내기도 한다. 여기에서 다시 언어는 실용과 강하게 연결된다. 언어의 의미는 그것이 쓰이는 방식과 분리하여 생각할 수 없고, 문법은 이 부분을 고려해야 한다.

문법에 대한 이런 사고방식은 동물의 언어를 연구할 때에도 의미가 있다. 새소리를 연구할 때에 노래와 신호의 구조를 살피면 그 구조가 어떻게 작용하는지에 대한 생각을 얻을 수 있다. 그러나 그것만으로는 그 의미를 이해하는 방법을 배우기에 충분하지 않고, 맥락을 살펴야 한다는 점을 알 수 있다. 새들도 인간과 마찬가지로, 어떤 의미가 어떤 소리와 연결되는지를 배운다. 특정한 상황에서는 특정 사회적 규칙이 필요하다. 그래서 연구자들은 지금까지 주로 노래의 구조에 집중해왔다. 경우에 따라서는 뇌 연구가 병행되기도 하는데, 그런 연구는 새의 노래가 생각보다 더 복잡하다는 사실을 가르쳐주지만 그 의미에 대해서는 별로 알려주는 바가 없다. 새의 상호작용에 나타나는 미세한 의미를 이해하는 방법을 배우기 위해서는 그들의 소리를 분류하는 것만으로는 부족하다. 이런 작업은 실제로 상황을 지금까지보다 더 기계적으로 보이게 만들 수도 있다. 노래를 분석할 때에는 행동과 습관에 대한 연구뿐만 아니라, 사회적 연관성에 대한 연구도 늘 동반되어야 한다. 이런 맥락에서, 다른 동물들과 함께 살았던 렌 하워드나 콘라트 로렌츠의 연구는 흥미로운 배경과 시각을 제공한다.

## 화학적 문법과 시각적 문법

꿀벌은 상대에게 무엇인가를 설명하기 위해서 춤을 춘다. 그리고 화학적 신호도 이용한다. 꿀벌의 춤은 원형과 8자, 2가지 형태를 띤다. 꿀벌이 이른바 원형 춤round dance을 추면서 둥글게 움직일 때에는 근처에 먹이가 있다는 뜻이다. 다른 꿀벌들도 냄새를 맡고 먹이 쪽으로 갈 수 있으므로 추가 설명은 필요가 없다. 먹이가 더 멀리 있을 때에는 다른 춤을 춘다. 그 이유는 꿀벌이 벌집을 만들어서 그 안에 여왕의 알과 먹이를 저장하기 때문이다. 알들은 벌집에 수직으로 매달려 있으며, 따라서 꿀벌은 먹이의 위치를 간단히 가리킬 수 없다. 대신 꿀벌은 8자를 그리면서 꽁무니를 흔드는 춤인 8자 춤waggle dance을 춘다. 이 춤에는 의미 있는 정보가 다양하게 포함되어 있다.[13] 이 춤을 추는 일벌은 수평 방향을 위와 아래로 표현한다. 춤의 8자는 2개의 반원과 하나의 직선으로 이루어진다. 일벌은 먼저 반원 하나를 만들고 시작점으로 다시 돌아와서, 직선으로 나아가면서 꽁무니를 흔든다. 그런 다음 반대 방향으로도 반원과 직선 그리기를 반복하여 8자를 완성한다. 일벌이 세로축과 이루는 각도는 태양을 기준으로 먹이가 있는 방향의 각도를 가리킨다. 먹이까지의 거리는 꽁무니를 흔드는 속도로 나타낸다. 꽁무니의 움직임이 빠를수록 먹이가 더 가까이에 있음을 의미한다. 춤추는 속도와 시간은 꽃꿀이 얼마나 많은지를 나타낸다. 속도가 빠를수록 꿀이 더 많다는 뜻이다. 춤추는 꿀벌은 다른 꿀벌들에게 먹이의 맛과 냄새를 맛보기로 보여주고, 이를 통해서 다른 꿀벌들은 무엇을 찾아야 하는지를 알게 된다. 때때로 꿀벌은 춤을 추면서 소리를 내기도 하는데, 그 소리에는 거리에 대한 정보가 담겨 있다.

꿀벌에게는 다른 종류의 춤도 있다. 꽃꿀을 가져오는 것을 다른 벌들이 도와야 한다는 의미의 춤, 먹이 찾기를 시작하거나 중단해야 한다는 의미의 춤이 여기에 속한다. 또한 새로운 벌집을 만들기에 최고의 위치를 찾기 위해서도 춤을 춘다. 이 과정은 신중하게 이루어진다. 그 작동 방식은 다음과 같다. 다수의 정찰벌들이 새 벌집을 만들기에 좋아 보이는 곳을 조사하기 위하여 밖으로 나가서 여러 곳을 평가한다. 가장 좋은 위치에 대해서만 춤을 추기 때문에, 정찰벌들은 먼저 그곳이 춤을 출 만한 곳인지를 결정한다. 그런 다음 춤을 추는 시간으로 그 위치가 얼마나 좋은지를 보여준다. 다른 벌들도 그곳에 따라가보고, 함께 춤을 춘다. 이것은 하나의 협동 과정이며, 마지막에 모두 함께 춤을 추는 그 장소가 바로 최고의 새 벌집 자리가 되는 것이다.

벌들은 공동체마다 그들만의 춤이 있다. 아마 일종의 사투리일 것이다. 벌은 움직임, 몸짓, 소리와 함께 냄새도 활용한다. 그러나 우리는 벌들이 활용하는 냄새의 복잡성을 이제 겨우 알아가기 시작했다. 복합적인 냄새 신호에는 나름의 문법이 있다는 주장도 제기되었다. 벌의 의사소통을 다른 방식으로 보고 있으면, 그것이 확실히 언어로 불릴 만하다는 사실이 점점 더 분명해진다. 벌은 신호를 활용하여 추상적인 정보를 전달할 수 있다.

움직임, 소리, 냄새, 시각적 신호, 맛은 벌의 문법에서 하나의 역할을 할 수 있다. 다른 종에게서는 신체 각각의 움직임에 나타나는 상호작용에서 문법을 발견할 수도 있다. 그런 사례들 중의 하나가 재키도마뱀의 의사소통에서 발견된다. 재키도마뱀의 의사소통 방법은 모두 4가지인데, 몸의 자세, 땅에 붙이고 있는 발의 수, 고개의 끄덕거림, 목의 부풀림으로 나뉜다. 이 방법들은 단순하고 정교하지 않은 것처럼 보일지도 모르지만, 사실 6,864개의 조합이 가능하며 그중 172개의 조합이 자주 쓰인다. 행동의 순서와 지속시간도 중요한 의미를 지니는데, 이는 어떤 문법 체계가 있음을 암시한다.[14]

최근 브라질의 세하두자피 산에서 발견된 힐로데스 야피라는 개구리 역시 발성과 함께 몸의 움직임과 자세를 활용한다. 이 개구리는 달리거나 뛰어오르고, 발가락을 흔들거나 뒷다리를 길게 늘인다. 또는 앞다리를 든 채 앞발을 휘젓거나 흔들고, 몸을 비틀거나 우스꽝스럽게 걷는 따위의 행동을 한다. 또한 얼굴로 8자를 그리면서 머리를 움직이거나, 발을 잡고 발가락을 보여주기도 한다. 연구자들은 지금까지 이 개구리로부터 5개 이상의 음으로 이루어진 노래를 포함해서 18개 유형의 발성을 기록했다. 이들은 이전까지 개구리에게서는 볼 수 없었던 특별한 방식으로 암컷과 수컷이 서로를 만지며, 이는 서로에게 복잡한 메시지를 전달할 수 있게 해준다.[15]

## 20시간 이어지는 사랑 노래

혹등고래는 주로 물속에서 산다. 물속에서는 시력과 냄새가 의사소통에 그다지 유용하지 않다. 반면 소리는 공기 중에서보다 물속에서 훨씬 더 빠르고 더 멀리까지 이동하기 때문에 의사소통에 매우 적합하다. 인간의 귀에는 고래의 노래가 즉흥적이면서도 다소 몽환적으로 들린다. 그래서 고래의 노랫소리가 명상 음악으로 쓰이기도 하는 듯하다. 그러나 연구자들은 자유롭게 흘러나오는 것처럼 들리는 이 노래에 문법이 있음을 증명했다.[16] 혹등고래는 이 소리를 문법에 맞게 이어가면서 문장을 만든다. 그렇게 만들어진 노래는 20시간까지 지속되기도 한다. 혹등고래 연구자인 스즈키 류지와 그의 동료 연구진은 이 노래를 연구하기 위한 컴퓨터 프로그램을 개발했다.[17] 이들은 모든 노래들을 소리별로 분류하고, 각각의 소리에 기호를 붙였다. 그런 다음 수학 모형을 이용하여 노래의 유형을 분석했다. 연구진은 그 소리를 사람들에게도 들려주었고, 인간의 귀로 들었을 때에도 컴퓨터와 같은 결론에 도달하는지 알아보았다.

혹등고래는 짧은 문장과 긴 문장을 결합하여 선율을 만들고, 이 선율을 다양한 음조로 반복한다. 노래는 길 수도 있고 짧을 수도 있으며, 적게는 6개에서 많게는 400개에 이르는 요소들을 포함하기도 한다. 수컷 혹등고래는 1년

중에서 6개월 동안 노래를 부른다. 한 무리의 혹등고래는 계절마다 새로운 노래를 부른다. 처음에는 모두 같은 노래를 부르지만, 그 계절이 지나는 동안 선율이 점점 더 복잡해지다가 결국에는 완전히 달라진다. 무리마다 저마다의 노래가 있는데, 이는 문화의 문제로 보인다. 때로 다른 무리의 인기곡을 알아듣기도 하지만, 무리 안에서는 그들의 노래가 히트곡이 된다. 혹등고래의 노래에는 운율도 있어서, 종종 같은 소리로 끝을 맺는다. 혹등고래가 노래를 부르지 않을 때에 내는 소리도 지역에 따라서 음색과 조합이 다르다. 그래서 연구자들은 그 소리들이 인간의 사투리와 비슷한 것이거나 다른 언어일 수도 있다고 생각한다.[18] 고래들 중에는 모든 개체들이 저마다 다른 노래를 부르는 종이 있다. 북극해에서 사는 북극고래는 동시에 2가지 소리(고음과 저음)로 노래를 한다.[19] 해마다 새로운 노래를 부르는 동물에 고래만 있는 것이 아니다. 예를 들면, 노란엉덩이찌르레기사촌이 1년 동안 부르는 노래는 5-8곡인데, 이 노래들은 해마다 원래 노래에서 78퍼센트까지 바뀐다.[20] 갈색날개깃인디고새의 노래도 바뀐다. 이런 변화는 때로 8년이 걸리기도 하지만, 이 새들의 수명은 18개월밖에 되지 않는다. 따라서 이는 확실히 문화 전달의 사례인 것이다.[21]

## 들리지 않는 소리

큰귀박쥐는 반향을 이용하여 길을 찾거나 먹이를 잡는다. 이 박쥐들이 내는 소리는 대체로 너무 높아서 우리의 귀로는 감지할 수 없다. 박쥐들은 그 소리의 반향을 이용하여 주위 환경을 파악한다. 소리가 높을수록 더욱 정확하게 파악할 수 있다. 이외에도 박쥐는 다양한 소리를 낼 수 있지만, 인간의 귀에는 잘 들리지 않는다. 박쥐의 노래가 오랫동안 연구되지 않은 것은 그런 이유 때문이었는데, 이제는 디지털 녹음 장비 덕분에 연구가 가능해졌다. 그 결과 박쥐의 언어가 실제로 매우 복잡하다는 사실이 밝혀졌고, 이제 박쥐는 발성의 형태로 이루어지는 의사소통이 인간 다음으로 복잡한 포유류라고 간주되고 있다. 수컷 큰귀박쥐가 암컷에게 구애를 할 때에 부르는 노래에 대한 연구를 통해서, 각각의 수컷이 자신만의 노래를 만든다는 사실이 밝혀졌다. 이 노래에서는 일정한 요소들과 특정한 유형이 나타난다. 그러나 모든 수컷들은 쥐처럼 찍찍거리거나 새처럼 재잘대거나 윙윙거리는 소리를 이용하여 자신들만의 노래를 부른다. 노래들은 인간의 문장처럼 구성된다. 박쥐들은 사랑을 나눌 때에만 의사소통을 하는 것이 아니라 영역을 방어할 때, 사회적 지위를 지킬 때, 새끼를 기를 때, 침입자를 내쫓을 때, 서로를 확인할 때에도 복잡한 의사소통을 한다.[22] 박쥐는 인간과 비슷한 뇌를 가진 포유류이며, 따라서 언어의 기원에 관하여 더 많은 것들을 배우고자 박쥐의 뇌에 대한 연구가 진행 중이다.

인간이 들을 수 있는 소리보다 높은 소리로 노래하는 다른 동물로는 생쥐가 있다. 암컷 생쥐는 단순한 노래보다는 복잡한 노래를 더 좋아하므로, 수컷 생쥐는 암컷의 호감을 얻기 위해서 복잡한 노래를 부른다. 수컷 생쥐의 노래는 암컷이 실제로 옆에 있을 때보다 냄새만 맡을 수 있을 때에 더 복잡해진다. 서로에게 노래를 배우는 실험실의 생쥐들은 저마다 독특한 노래를 가지고 있다.[23] 어떤 노래들은 선천적인데, 다른 배에서 태어난 생쥐들과 함께 자란 실험실 생쥐들은 태어나면서부터 부르는 고유의 노래를 가지고 있다.[24] 야생 생쥐도 노래를 한다.[25] 생쥐 종들 사이에서 나타나는 노래의 변이는 새들 사이에서 나타나는 차이보다 더 크며, 생쥐의 노래는 나이가 들수록 더 복잡해지기도 한다. 생쥐는 새보다 낮게 평가되기 때문에, 생쥐의 노래에 대한 연구는 아직까지 그다지 자세하게 이루어지지 않았다.

2015년에는 암컷 생쥐가 화답하는 노래를 부르는 모습이 포착되었다. 인간의 귀로는 생쥐가 노래를 부르고 있는지 알 수가 없기 때문에, 한때는 수컷 생쥐만 노래를 한다고 추측되었다.[26] 인간은 종종 어떤 종 가운데 수컷만이 노래를 한다고 가정하고는 한다. 이런 가정은 동물들 사이에서의 언어 역할과 성별에 관한 고정관념에서 비롯된다. 동물은 주로 짝을 찾거나 영역을 방어하기 위해서 (지능이 아닌 본능에 따라서) 노래를 하거나 소리를 낸다고 생각하고, 여기에서 능동적인 역할을 하는 쪽은 수컷이라고 짐작한다. 여성주의 과학철학자들은 이런 생각의 밑바탕에는 젠더에 대한 편견이 있다고 주장한다.[27] 땅속에 알을 낳으면 17년 후에 일제히 성충이 되어 나오는 어떤 종류의 매미는, 수컷은 울음으로 소리를 내고 암컷은 날개로 소리를 만든다. 짝짓기를 위한 대화를 할 때, 수컷 매미가 울음소리를 내며 무엇인가를 말하면 암컷 매미가 날개를 파닥이며 응답할 것이다. 수컷 매미가 반복해서 울고 암컷 매미도 다시 반응을 보이면, 수컷이 다시 더 높은 소리를 내면서 운다. 이번에도 암컷이 다시 반응을 보이면 짝짓기를 한다.[28]

생쥐와 마찬가지로, 나방[29]과 메뚜기[30] 같은 일부 곤충도 인간의 귀에는 들리지 않는 높은 소리로 의사소통을 한다. 나방과 메뚜기는 복강 안에 있는 일종의 막으로 소리를 감지한다. 귀뚜라미는 앞다리로 소리를 받아들이고,[31] 모기는 더듬이의 아랫부분에 있는 진동 감지 기관을 통해서 소리를 듣는다.[32] 어떤 곤충은 주로 몸의 감각으로 소리를 듣는다. 소리는 물체를 움직이게 하는데, 이 곤충들은 그런 진동을 몸으로 느낄 수 있는 것이다. 상어는 몸을 움직여서

물의 움직임을 만드는데, 다른 상어들은 그런 물의 움직임을 느끼고 해석할 수 있다. 상어는 소리와 냄새와 전기 신호도 이용한다.[33] 물의 진동과 전기를 이용한 이런 의사소통은 인간이 감지하고 연구하기가 대단히 어렵다.

## 체화된 문법

박쥐, 새, 꿀벌, 그외 다른 동물들의 언어 속에는 인간의 언어 구조와 비길 만한 구조가 있다. 아직까지 연구자들은 동물의 언어에 문법이 있는지, 네덜란드어나 영어의 문법과 어떤 식으로 비교할 수 있는지에 관한 의문에 또렷한 답을 내놓지는 않고 있다. 이런 문제들의 답은 문법을 어떻게 정의하는지에 따라서 달라진다. 그래도 그들은 이런 질문이 이상하지 않음을 보여준다. 동물의 의사소통은 알면 알수록 더 복잡해 보이며, 이제 인간은 그런 의사소통에 관해서 점점 더 많이 알아가고 있다.

다른 동물들의 문법에서 평가가 어려운 부분들 중의 하나는 신체 언어의 역할에 관한 것이다. 얼굴 표정이나 몸의 자세, 동작은 의사소통에서 원시적인 요소처럼 보일 수도 있다. 그러나 비트겐슈타인은 미학적 판단에 관한 논의에서, 비언어적 판단이 미학적 평가를 내리는 사람에게 정확하게 전달될 수 있다는 점을 지적했다.[34] 그는 미학적 평가가 복합적이라고 보았는데, 끄덕임이나 자세, 그들의 합의에 대한 누군가의 웅성거림, 또는 외마디 소리 따위를 통해서 다른 이들의 판단을 인식한다는 것이다. 다른 동물들 역시 귀의 위치에서부터 꼬리의 각도에 이르기까지 미묘한 신체적 단서에서 많은 정보를 얻을 수 있다. 그들의 언어를 제대로 알기 위해서는 어떤 움직임이 의미를 가지고 어떤 움직임은 그렇지 않은지, 그리고 그 의미들이 무엇인지를 배워야 한다. 여기에는 기술의 발전이 도움이 될 수 있다. 움직임을 기록한 영상뿐만 아니라 우리가 감지하지 못하는 소리도 녹음하여 분석하고, 자료를 수치적으로도 분석하는 것이다. 그러나 여전히 어려운 점은 남아 있다. 이를테면, 코끼리가 내는 소리는 매우 낮아서 그 소리를 재생하여 밀림에서 전달하는 실험을 하기 위해서는 아주 큰 스피커가 필요한데, 그런 스피커를 코끼리의 눈에 띄지 않게 숨기는 일은 무척 까다롭다.

여기에서도 다시 사고의 틀 자체에 대한 문제 제기가 중요하다. 만약 우리가 인간의 문법을 모든 문법의 틀을 이루는 형식처럼 생각한다면, 동물의 문법을 제대로 인정하기 어려워진다. 또한 이런 생각은 인간의 언어를 출발점으로 삼기 때문에, 동물의 언어가 인간의 언어보다 한 단계 아래에 있다는 생각을 은연중 드러내기도 한다. 문법을 의미 있는 상호작용의 틀로 삼는 비트겐슈타인의 생각이 여기에서 더 잘 작동하는 까닭은, 바로 다른 유형의 규칙에 대해서 더 느슨하고 열려 있는 자세를 취하기 때문이다. 인간의 언어 안에서도, 우리는 다른 방식으로 의미를 만들 수 있는 다른 언어 게임을 발견하기도 한다. 시는 문법의 규칙을 가지고 놀거나 그런 규칙에 의문을 던질 수도 있다. 그럼에도 불구하고 여전히 의미심장하며, 어떨 때에는 정확히 그런 이유 때문에 더 의미가 있다.

# 메타 의사소통

개 한 마리가 다른 개를 보더니 그쪽으로 뛰어간다. 그러다가 그 개를 2미터쯤 앞에 두고 갑자기 멈추고는 인사를 한다. 뒷다리를 그대로 세운 채 몸의 앞부분을 숙인다. 꼬리를 흔든다. 만약 다른 개가 반응을 보이지 않으면, 그 개에게 권유하듯이 한 번 짖는다. 이 자세가 "놀이 인사"이다.

마크 베코프는 오랫동안 개와 늑대와 코요테의 놀이를 연구했다.[1] 놀이를 할 때에 이 동물들이 하는 행동은 평소라면 싸우거나 달아나거나 공격하거나 성적으로 접근할 때에 나오는 행동이다. 그래서 이것은 놀이이므로 상황이 다르다는 사실을 나타내기 위해서 놀이 신호를 보낸다. 놀이 인사는 가장 중요한 놀이 신호 가운데 하나이다. 언제나 몸의 앞쪽은 내리고 뒤쪽은 치켜드는데, 꼬리를 흔들거나 짖거나 으르렁거리거나 하는 다른 행동들이 덧붙여지는 등 세부적인 사항은 바뀔 수 있다. 상대편 개나 늑대나 코요테는 이런 움직임을 알아보고, 그것이 놀이를 요청하는 행동이라고 이해한다. 놀이 인사는, 놀이를 시작할 때에는 상대의 관심을 끌기 위해서, 놀이를 하는 동안에는 상대가 흥미를 잃은 것처럼 보이면 놀이를 독려하기 위해서 하는 행동이다. 그리고 상황이 조금 험악해졌을 때, 예를 들면 상대개를 너무 세게 물거나 쓰러뜨렸을 때에는, 그것이 그저 놀이였을 뿐이라는 점을 해명하기 위해서도 쓰인다. "놀고 싶어"와 "아직 더 놀고 싶어" 둘 다를 의미할 수 있고, 덤으로 "그건 실수야, 미안해"라는 뜻도 내포한다.

놀이를 할 때에는 때로 서열이 높은 개들이 순종적인 자세를 취하기도 하고 그 반대의 상황이 벌어지기도 한다. 코요테 역시 그렇게 놀기는 하지만, 그런 놀이는 친한 코요테끼리만 가능하다. 또한 약하거나 작은 코요테와 놀이를 즐기기 위해서, 자발적으로 불리한 처지가 되어 일부러 더 천천히 움직이거나 자세를 더욱 낮추기도 한다. 그러나 개의 놀이 속에는 사회적 관습도 남아 있다. 우위를 차지한 동물은 다른 개의 입을 핥는 일이 거의 없을 것이고, 다른 개를 올라타는 일도 대개 일방적으로 이루어진다.[2] 상대를 뒤쫓아 뛰어가거나 뛰어오르거나 붙잡고 늘어지는 행동을 포함한 사냥놀이에서는 역할이 바뀔 수 있다. 일반적으로 놀이에서는 협동과 경쟁이 상호작용을 한다. 동물은 그들의 힘을 시험하면서 함께 힘을 합친다.

개와 다른 동물들은 단순히 재미만을 위해서 놀이를 하지는 않는다. 베코프는 놀이가 수많은 행동과 표현으로 나타나며, 자연에서도 종에 따라서 놀이가 매우 다양해 보인다는 점을 지적한다. 놀이에 항상 어떤 기능이 있는 것은 아니다. 창의성은 중요하며, 흉내 내기도 마찬가지이다. 동물은 상대의 의도를 이해하고 있음을 보여주는데, 놀이에서 싸우는 자세는 놀이 이외의 상황에서 이용될 때와는 조금 의미가 다르다. 놀이 인사와 같은 신호는 그런 경계를 확립한다. 상대방의 자세를 관찰하는 것은 발성이나 눈맞춤과 마찬가지로 중요하다. 동물은 놀이를 하는 동안 서로를 끊임없이 바라본다. 놀이를 통해서, 동물은 자신과 상대의 힘은 물론 무리 내에서 차지하는 위치에 관하여 배운다.

개만 놀이를 하지는 않는다. 최근 몇 년 사이, 동물의 놀이에 대한 연구가 증가하고 있다. 대부분의 포유류가 놀이를 하며, 조류와 파충류와 어류에게도 놀이가 있다. 두족류, 바닷가재류, 개미와 벌과 바퀴벌레 같은 일부 곤충에서는 놀이와 비슷한 행동이 발견되었다.[3]

## 놀이에서 언어로

캐나다의 철학자인 브라이언 마수미는 놀이는 본질적으로 창의적인 행동이라고 주장한다.[4] 동물은 놀이를 통해서 학습하지만, 놀이를 학습 행위나 서열 확립을 위한 행동으로 단순화해서는 안 된다. 놀이는 기능적일 뿐만 아니라 아름다우며 즐거움을 주기도 한다. 동물들은 저마다 다른 놀이 방식을 개발한다. 선호하는 놀이는 맥락에 따라서, 또는 시간이 흐르면서 달라질 수 있다. 이를테면 놀이 상대에 따라서 놀이가 달라지는 개도 있고, 나이가 들면서 놀이 방식이 달라지기 시작하는 개도 있다.

마수미는 모든 행동에는 창의적인 요소가 있으며, 심지어 본능처럼 보이는 행동까지도 그렇다고 주장한다. 만약 토끼들이 언제나 정확히 같은 방식으로만 도망친다면, 포식자들은 토끼의 움직임을 예측할 수 있게 된다. 이런 행동에서는 도망가는 것과 같은 일부 반응은 항상 동일하지만, 특정 환경에 적합하게 적용되어야 하므로 행동에 변화가 일어나거나 사적인 경험이 추가될 여지가 있다. 예를 들면, 토끼는 왼쪽이나 오른쪽으로 달아나서 언덕 뒤로 몸을 숨기거나 한동안 가만히 서 있을 수도 있다. 토끼는 즉흥적으로 무엇인가를 해야 한다. 마수미는 본능과 표현이 상반된 것이 아니라고 말한다. 다양하고 즉흥적으로 처리하는 능력으로 이해되는 본능과 표현은 서로를 바탕으로 작용한다. 여기에서도 문화는 하나의 역할을 한다. 동물은 다른 동물들을 통해서 배우며, 이때에도 표현 방식과 독창성은 중요하다. 창조적인 측면은 지렁이 같은 종의 행동에서도 발견된다. 다윈은 지렁이를 광범위하게 연구했다. 그는 지렁이를 나름의 방식으로 자극에 반응하는 개체로 보았고, 일종의 추상적 개념이 필요한 학습도 할 수 있다고 생각했다.[5] 그는 만약 우리가 지렁이처럼 행동하는 개를 관찰한다면, 우리는 그 행동을 고통이나 두려움을 느끼는 능력과 마찬가지로 개의 특징에 포함시키기를 주저하지 않았을 것이라고 주장했다. 지렁이가 우리와 덜 비슷하기 때문에 우리가 지렁이에 회의적인 것이다. 다윈은 이런 회의적인 태도가 정당한지에 의문을 품었다.

언어와 놀이는 다양한 방식으로 연결되어 있다. 첫째, 언어적 발화는 놀이의 일부가 될 수 있는데, 놀이는 의사소통의 한 형태이다. 둘째, 언어에서는 본능과 지능 사이에 또렷한 경계가 없다. 많은 표현 형태들은 인간의 표정이나 새끼 오리가 어미를 찾는 소리처럼 선천적으로 타고난다. 금화조의 노래나 인간의 글쓰기처럼 학습에 의한 표현 형태도 있다. 그러나 선천적인 형태의 언어에도 창의적인 요소가 있으며, 차후에 더 다듬어질 수도 있다. 생쥐는 나이가 들수록 더욱 복잡한 방식의 노래를 할 수 있다. 인간은 어떤 상황에서 웃어야 하고 어떤 상황에서는 웃어서는 안 되는지를 배울 수 있다. 셋째, 의사소통에 관한 의사소통인 메타 의사소통은 종종 놀이와 관련된다. 우리는 언어에 관해서 언어로 말할 수도 있고, 이 책에서처럼 글로 쓸 수도 있다. 개들은 놀이를 할 때, 대개는 다른 맥락에서 일어나는 행동에 대한 양해를 구하기 위해서 그들의 언어를 활용하여 무엇인가 이야기를 한다. 이를테면 놀이 인사하기가 그것이다. 놀이가 싸움으로 번지는 일을 방지하기 위해서, 이는 반드시 필요하다.

유머도 같은 방식으로 작동할 수 있다. 언어적 농담은 언어 속의 놀이로, 실제 뜻과는 다르거나 그 자체의 의미가 의심스러운 말들로 이루어진다. 몸 개그가 동작을 과장하거나 다른 맥락에서 사용되는 것과 같다. 놀이를 할 때, 동물은 어떤 행동을 맥락과 다르게 활용할 수 있다. 그러면서 그 행동에 관해서 같은 종의 일원들뿐만 아니라 인간과도 효과적으로 의사소통할 수 있다. 앞에서 나는 솔티라는 개에게 아령을 가져오라고 가르친 비키 헌의 사례에 대하여 이야기했다. 솔티는 이것을 게임으로 바꿔서 일부러 헌의 부탁과는 다른 행동을 했다. 쓰레기통 뚜껑을 가져오거나 아령을 다른 사람에게 가져다주었다. 헌은 이런 행동을 솔티가 게임의 규칙을 배웠기 때문에 가능한 농담으로 보았다. 솔티의 행동은 개들이 서로 놀이를 하는 방식과 비슷하다. 게임 안에서는 행동들이 다른 의미를 지니고, 게임을 더욱 재미있게 만들기 위해서 독창적인 방식으로 행동을 할 수도 있다. 단순히 아령을 낯선 사람에게 가져가는 것은 아무런 의미가 없다. 그러나 게임에서의 이런 행동은 게임의 다른 참여자에게 참여를 독려하는 작용을 할 수 있다.

## 놀이에서 도덕으로

게임에는 확실한 규칙이 있다. 동물은 다른 동물들과 놀이를 하면서 그런 규칙들을 배운다. 동물은 진짜 싸움이 아닌 안전한 형태의 경쟁을 통해서 다른 동물들과 힘을 겨루거나, 놀이를 통해서 다른 동물들과 협동할 수 있다. 그러나 마크 베코프는 단순히 재미를 위해서 이런 조사를 한 것이 아니다. 동물의 놀이에 대한 그의 연구는 도덕의 진화를 연구하는 프로젝트의 일환이다. 그는 제시카 피어스와 함께 동물의 도덕과 정의에 관한 책을 썼는데, 그 기반이 되는 사회적 규범은 어느 정도는 놀이를 통해서 결정되고 학습된다.[6] 그들은 인간의 도덕이 진공 속에서 진화되지 않았고, 종들 사이에는 연속성이 있다고 주장한다. 만약 도덕이나 정의나 사랑과 같은 특성이 인간에게서 발견될 수 있다면, 다른 종에서도 그에 맞는 특성이 발견될 가능성이 크다는 것이다.

베코프는 놀이 인사가 잘못된 방식으로 쓰이는 경우가 사실상 거의 없다는 점이 놀이와 도덕 사이의 연관성을 보여주는 사례라고 보았다. 놀이를 하고 싶다는 의사를 나타낸 개가 놀이를 하다가 싸움을 시작하는 일은 매우 드물다. 만약 이런 일이 일어나면 다른 개들은 공격적인 그 개와 더 이상 놀고 싶지 않을 터이고, 그 개는 사회적으로 배척을 당하게 된다. 개들은 놀이에서 사회적 규칙을 정하고, 어린 개들은 그 규칙을 배운다. 상대방의 역할을 짐작하여 자신들이 할 수 있는 것보다 덜 거칠게 놀이를 하면서, 무리 내에서 사회적으로 용인되는 선을 정한다. 안전한 게임의 범위 안에서는 너무 세게 물기와 같은 잘못된 행동이 곧장 싸움으로 이어지지 않는 일도 가능하다. 공격할 생각이 아니었다는 것을 놀이 인사로 나타낼 수도 있기 때문이다. 자발적이고 개방적인 놀이는 경계를 구별하기 위한 좋은 환경을 만든다. 따라서 놀이 배우기는 어린 동물의 사회적, 인지적, 신체적 발달에 중요하다. 어린 시절에 다른 동물들과 놀아보지 못한 동물은 나이가 들어서도 집단의 규범과 가치에 대한 인식이 부족할 것이다.

## 도덕과 사회적 상호작용

흔히 비인간 동물은 지적 능력이 부족하기 때문에 도덕적으로 행동하지 못한다고 생각된다. 이런 생각은 도덕이 사려 깊은 결정에서 나온 행동이라는 도덕의 특별한 개념을 드러낸다. 그러나 인간의 도덕 심리에 대한 최신 연구를 통해서 밝혀진 바에 따르면,[7] 도덕은 기본적으로 습관과 사회화의 문제이다. 물에 빠진 사람 구하기와 같은 여러 가지 도덕적인 결정은 이런저런 생각을 하는 과정 없이, 일순간에 무의식적으로 일어난다. 인간은 특정한 사회적인 성향을 가지고 태어나고, 어린 시절에 다른 인간들과 함께 살아가며 공동체의 규범에 적응하면서 그런 성향을 더욱 발전시킨다.

다른 사회성 동물도 사회적 행동에 대해서 같은 성향을 보이며, 이런 성향은 무리 내의 상호작용에 의하여 더욱 발달한다. 우리는 각기 다른 종에서 다양한 도덕을 발견한다. 우리가 가장 잘 아는 동물인 길들여진 동물들은 무작위적이거나 무질서하게 행동하는 편이 결코 아니다. 그들은 인간과 마찬가지로, 올바른 훈육으로 인간-비인간 동물 공동체의 사회적 규범과 가치를 따른다.[8] 그렇기 때문에 함께 살아가는 것이 가능하다. 인간도 마찬가지이다. 만약 우리가 하는 모든 행동을 사회적인 상황에서 저울질해야 한다면, 개인적으로 시간이 너무 많이 걸릴 뿐만 아니라 사회의 안정성도 위태로워질 수 있을 것이다.

신체는 이런 도덕의 사회적 개념에서 중요한 역할을 한다.[9] 다른 사람들과 함께 활동함으로써 우리의 신체적 능력에는 특정 규범과 규칙이 추가되고, 우리는 나중에 그것을 몸으로 표현한다. 때로 우리는 스스로 자각하지 못하는 사이에 도덕적으로 행동하며, 어떨 때는 몸이 먼저 움직이고 생각은 나중에 하기도 한다. 우리는 말이나 의견뿐만 아니라, 행동을 통해서도 우리가 누구인지를 보여준다. 다른 사람들과 함께하는 사회적 틀은 우리 개인의 경험만큼이나 중요하다. 다른 동물들과 함께 살아가는 인간의 사회적 틀은 다른 동물들의 존재와 행동에 따라서 형성되기도 하며,

다른 동물들의 사회적 틀도 마찬가지로 인간에 의해서 형성되기도 한다.

## 동물의 도덕성

1996년 8월 16일, 미국 일리노이 주 브룩필드의 한 동물원에서 세 살짜리 소년이 고릴라 우리 안으로 떨어졌다. 소년은 의식을 잃었다. 여덟 살 난 암컷 고릴라, 빈티주아는 곧바로 소년에게 다가갔다. 동물원 관람객들은 빈티주아가 소년을 해칠까봐 겁에 질려서 비명을 지르기 시작했다. 그러나 빈티주아는 소년을 해칠지도 모르는 다른 고릴라들이 그에게 다가오지 못하게 막으며 소년을 안고 있다가 동물원 직원에게 고이 넘겨주었다. 그동안 빈티주아의 등에는 내내 그녀의 새끼가 업혀 있었다.

빈티주아가 보인 공감은 특별한 것이 아니다. 1986년, 영국 저지 동물원에 있던 잠보라는 이름의 한 수컷 고릴라도 자신의 우리로 떨어진 다섯 살 아이를 들어올려서 동물원 직원에게 건네주었다. 영국 레스터셔의 트위크로스 동물원에서 사는 쿠니라는 이름의 보노보는 자신의 우리에서 날지 못하는 찌르레기 한 마리를 발견했다. 쿠니는 찌르레기를 움직이게 하게 위해서 조금 밀어보았다. 그래도 도움이 되지 않자, 쿠니는 새를 집어들고 근처에 있는 키가 가장 큰 나무 위로 가능한 한 높이 올라갔다. 그리고는 자신의 손으로 찌르레기의 날개를 펴서 공중에 집어던졌다. 찌르레기가 날 수 있도록 도우려는 쿠니의 시도는 효과가 없었고, 새는 바닥에 떨어졌다. 그러자 쿠니는 찌르레기를 우리의 담장 밖으로 던지려고 했다. 나중에 직원이 살펴보러 왔을 때, 찌르레기는 없었다. 아마 그 새는 회복할 시간이 조금 필요했을 뿐이었던 것 같다.[10]

이런 행동들의 도덕적 가치에 관해서는 의견이 분분하다. 프란스 드 발은 빈티주아의 행동을 공감 행위로 본다. 다른 과학자들은 그것에 의문을 품고, 학습된 행동이라고 주장한다.[11] 빈티주아는 인간의 손에 길러졌고, 자신의 새끼와 함께 진찰을 받고는 했다. 그러나 잠보는 어미 고릴라의 품에서 자랐다. 쿠니는 찌르레기를 어떻게 다루어야 하는지 배우지 않았지만, 주위에서 날아다니는 찌르레기들을 종종 보았다. 이것이 공감의 사례인지 아닌지에 대한 명확한 답은 없지만, 그래도 의미 있는 질문이다. 우리는 이 문제를 동물의 마음이나 몸에서 무슨 일이 일어나고 있는지를 밝히는 방식이나 그 용어의 의미를 조사하는 방식, 2가지로 접근할 수 있다. 용어의 의미에 대해서는 나중에 다시 다루겠지만, 먼저 동물의 도덕에 대한 연구로 더 깊이 들어가고자 한다.

베코프와 피어스는 협동, 공감, 정의라는 세 연구 영역을 참고하여 도덕성에 관해서 논의한다. 그들은 동물 무리의 사회적 복잡성과 도덕적 복잡성 사이에는 어떤 연관성이 있다고 본다. 이는 타당해 보인다. 복잡한 사회집단 속에서 살아가는 동물들은 서로 원만하게 일을 처리하기 위한 사회적 규칙이 더 많이 필요하기 때문이다. 이런 연관성은 사회적 복잡성과 언어 사이에도 존재하는 듯하다. 상호작용, 특히 복잡한 상호작용이 더 많을수록, 더 많은 단어들이 필요하기 때문이다.

동물의 도덕성에 대한 연구는 실험실과 야외 현장에서 모두 이루어진다. 갇혀서 사는 서로 다른 동물들은 상대의 안녕까지도 생각한다는 것을 보여준다. 쥐와 붉은털원숭이는 자신이 먹이를 먹음으로 해서 다른 동물에게 충격이 가해지면 먹기를 거부한다.[12] 한 수컷 다이애나원숭이는 먹이를 얻는 방법을 알게 되자, 그 방법을 이해하지 못한 암컷을 도와주기도 했다. 그 행동으로 수컷 원숭이가 얻는 뚜렷한 이득은 없었다.[13] 우리에 갇혀 있는 침팬지는 다른 침팬지도 먹이를 얻을 수 있도록 우리를 열어준다.[14] 그러나 같은 종에 속하는 개체들과의 관계에서는 정직만이 중요하게 여겨지지는 않는다. 꼬리감는원숭이는 부당한 대우를 받으면 연구자들과 함께 작업하기를 거부한다.[15] 야생에서 코끼리는 친구를 위로하고,[16] 자신을 방어할 수 없는 무리의 다른 일원들을 보호하는 것으로 드러났다.[17] 돌고래는 아픈 돌고래가 있을 때에는 그 주위를 구명 뗏목처럼 둘러 싸고[18] 가능한 한 그를 오랫동안 돌봐준다. 돌고래가 인간과 다른 동물들을 도운 일화들도 있다. 1983년, 한 무리의 돌고래가 뉴질랜드 토켈라우 해변에 밀려 올라와서 바다로 돌아갈 길을 찾고 있던 거두고래 무리를 도왔다. 5년 전에도 뉴질랜드 항거레이 항구에서 같은 일이 있었다. 2004년에 뉴질랜드 북부 해안에서는 돌고래 무리가 수영하는 사람들을 둥글게 둘러싸고 백상아리로부터 보호해주었다. 홍해에서 한 무리의 다이버들이 길을 잃었을 때, 돌고래들은 그들을 상어로부터 보호했고, 구조대원들이 다이버들이 있는 곳까지 올 수 있도록 안내했다.[19]

과학자들은 사회적 행동과 도덕적 행동을 구별한다. 진화생물학자들이 보았을 때, 자신의 아이를 돌보는 것은 사회적 행동이다. 이 행동은 도덕적 행동과 연관이 있을 수는 있지만, 그 자체가 도덕성의 표현은 아니다. 한 동물 공동체 내에 도덕이 있다고 해서, 다른 동물 공동체에도 그런 도덕이 존재함을 나타내지는 않는다. 지금까지 늑대의 사회적 응집력과 도덕성에 관해서는 꽤 많은 연구들이 수행되었다. 늑대들 사이에 공정한 합의가 있다는 점은, 늑대들과 그들의 사냥감 사이에도 그런 합의가 존재한다는 사실을 의미하지는 않는다. 당연히 인간도 종종 같은 인간에게만 특권을 부여한다. 아마 여기에서는 같은 종에 속하기보다는 같은 공동체에 속하는 것이 더 중요할 것이다. 길들여진 동물들은 서로 다른 종의 개체들과의 관계 속에서 도덕적으로 행동하는 방법, 또는 공동체의 규칙을 따르는 방법을 배우기 때문이다.[20]

동물 공동체가 다르면 습성과 규칙도 다르기 때문에, 거기에서 유래하는 도덕성의 형태도 달라질 것이다. 동물들에게는 종종 누가 먼저 먹는지, 또는 상대에게 어떻게 인사를 하는지 따위와 관련한 일종의 예절이 있다. 이런 종류의 습성은 한 집단의 규범을 표현하므로 도덕적으로 의미가 있다. 이런 예절은 상대를 배려하기 위한 행동만은 아니며, 개체의 이득과도 관련이 있을 수 있다. 가령 인간은 창피를 당하지 않기 위해서 혹은 한 집단의 사회적 장점에서 이득을 취하기 위해서 도덕적으로 행동할 수도 있다. 우리가 동물의 도덕성에 관하여 이야기할 때, 그것이 다른 동물들이 인간과 동일한 도덕을 가지고 있음을 의미하지는 않는다. 그러나 우리 인간의 도덕성과 마찬가지로, 동물의 도덕성에서도 규범과 가치, 다른 동물에 대한 배려가 하나의 역할을 한다.

## 협동

협조적인 행동은 여러 가지 다른 상황에서 나타날 수 있다.

짝을 이루는 동물들 사이나 서로 알거나 모르는 두 개체 사이, 큰 연결망이나 가족 내에서 나타나기도 한다.[21] 동물들은 생태계 내에서 협업을 할 수 있고, 심지어는 세포 수준에서도 의도하지 않게 협동이 일어나기도 한다. 동물은 자신의 이해관계나 상대에 대한 염려 같은 실용적인 이유에서 협동을 할 것이다. 어쩌면 무엇인가를 함께하면 단순히 기분이 좋기 때문일 수도 있다. 협동은 행동의 다른 범주가 아니라, 사회적이고 유용한 행동들로 이루어진 더 큰 연결망의 한 부분이다. 인간과 동물 모두, 협동을 심사숙고한 결과와 정보에 근거한 결정에만 의존하지 않는다. 예를 들면 옥시토신 호르몬은 모자 관계와 연인 관계에서 중요한 역할을 하며, 여러 다른 호르몬과 함께 인간들 사이의 사회적 협력을 확장하는 일을 돕는다. 앞에서 우리는 옥시토신이 인간과 개 사이의 관계에도 특징적으로 나타나며, 동물들 사이의 관계에도 영향을 미친다는 사실을 확인했다.

생물학자들은 다양한 형태의 협동을 구별한다. 친족 선택은 이타주의의 일종으로, 혈연이 없는 개체보다는 친척을 선호한다. 땅다람쥐는 포식자에 대한 경고 소리를 낸다. 그러나 경고 소리를 낸 동물은 곧바로 포식자의 눈에 띄기 때문에 위험해진다. 친척들과 함께 사는 암컷 땅다람쥐는 가족과 가까이 살지 않는 수컷에 비해서 훨씬 더 자주 경고 소리를 낸다.

상리공생相利共生은 둘 이상의 서로 다른 종이 혼자서는 할 수 없는 일을 함께함으로써 직접적인 결과물을 얻는 일종의 공동 작업이다. 공생은 가장 단순한 종류의 협동으로 간주되지만, 약간의 사고가 필요하다. 집단 사냥은 이런 행동의 본보기 중의 하나이다. 이를테면, 대왕곰치와 농어의 일종인 그루퍼는 함께 사냥을 하는데, 사전에 머리를 흔들면서 사냥에 관해서 서로 합의를 한다.[22]

상호 이타주의는 가족 관계에 기반을 두지 않는 다른 형태의 협동이다. 이런 행동은 주로 영장류 사이에서 조사되고 있다. 상호 이타주의의 예로는 털 고르기가 있다. 한 동물이 약간의 수고를 들여서 다른 동물의 털을 골라줄 때, 그 동물은 상대가 언젠가는 이 호의에 보답할 것이라는 기대를 품게 된다. 동물은 대개 자신의 털을 가장 많이 골라준 동물의 털을 골라주고, 털을 자주 골라준 동물을 더욱 도와주려는 경향도 있다. 이타주의가 영장류 사이에서만 발견되지는 않는다. 임팔라영양은 서로 털을 골라주고,[23] 개코원숭이는 때로 다른 개코원숭이의 새끼를 안아보기 위해서 번갈아가며 털을 골라준다.[24] 흡혈박쥐는 같은 무리의 일원들에게 먹이를 나눠준다.

모르는 사람을 돕거나 대가를 기대하지 않고 상대를 도와주는 일반적인 상부상조는 인간만이 할 수 있다고 오랫동안 여겨졌다. 그러나 갇혀 있는 침팬지에 대한 연구를 통해서, 그들이 어떤 대가를 기대하지 않으면서 인간과 다른 침팬지를 반복적으로 돕는다는 사실이 드러났다. 한 실험에서는 침팬지들이 인간의 손이 닿지 않는 곳에 있는 막대를 인간에게 건네주기도 했고,[25] 어떤 침팬지들은 보상에 대한 기대 없이 다른 침팬지의 우리를 열어주기도 했다.[26] 쥐도 낯선 상대를 돕는다. 게다가 낯선 상대가 이전에 자신을 도와준 적이 있다면 더욱 적극적으로 돕는다.[27] 이런 행동에 대한 연구가 그다지 많지는 않지만, 그리고 갇혀 사는 동물들에 대한 연구이기는 하지만, 이런 연구는 동물의 도덕이 우리의 생각보다 더 복잡하다는 점을 보여준다.

다른 동물의 협동 능력과 함께, 실제로 무엇이 협동을 구성하는지에 관해서도 논란이 있다. 늑대는 무리 지어서 사냥한다. 늑대들은 각자의 행동을 서로 조율함으로써, 홀로 사냥할 때보다 훨씬 큰 사냥감을 제압할 수 있다. 어떤 생물학자들은 늑대들이 마음속에 공동의 목표를 가지고 협동을 한다고 생각한다. 반면, 어떤 생물학자들은 진정한 협동이 일어난다고 믿지 않는다. 어쩌면 늑대들이 단순히 배가 고팠거나, 먹이를 얻는 방법 중에서 그들이 알고 있는 유일한 방법이 그것뿐일지도 모른다고 생각한다. 협동에 대한 철학적 또는 개념적 정의와 관련된 문제에서는 관찰이 크게 도움이 되지는 않는다. 만약 사냥에서 의사소통의 활용과 역할에 관한 연구가 더 이루어져서 그들의 의도가 밝혀진다고 해도 마찬가지일 것 같다.

모든 형태의 상호 이타주의가 협력을 수반하지는 않는다. 때로 동물은 다른 동물을 위해서 무엇인가를 하고 다른 동물도 그 대가로 무엇인가를 하기도 하지만, 거기에 실질적인 협력은 없다. 그리고 모든 형태의 협력이 호혜적이지도 않다. 사자에 대한 한 연구에서 드러난 바에 따르면, 사자는 항상 함께 힘을 모아서 침입자를 쫓아내지는 않는다. 게다가 협력하지 않은 사자를 처벌하지도 않는다.[28] 더 나아가, 모든 협동과 모든 이타주의가 도덕적인 행동인 것도 아니다. 베코프와 피어스가 다룬 점균류의 이타주의는 이런 맥락에서 볼 수 있다. 점균류는 한때 곰팡이로 분류되었다가 이제는 독립된 단세포생물 무리로 분류되는 유기체이지만, 우리는 점균류가 무엇인지 정확히 알지 못한다. 어떤 점균류 세포들은 다른 점균류 세포들이 계속 존재할 수 있도록 스스로를 희생한다.[29] 이는 이타주의이기는 하지만, 우리가 도덕이라고 생각할 만한 요소는 부족하다. 우리가 알고 있는 한, 점균류에는 도덕에 어울릴 만한 복잡한 감정과 인지 능력이 없다. 그래서 베코프와 피어스는 더 복잡한 사회적 관계 속에서 살아가는 동물의 행동을 도덕이라고 불러야 한다고 주장한다. 다시 말하면 뚜렷한 선악의 기준과 행동의 유연성이 있고, 감정적으로 풍부한 삶을 살아가는 무리 안에 있어야 한다는 것이다. 이 주장은 확실히 설득력이 있어 보인다. 그러나 우리는 여전히 많은 종에 대해서 잘 알지 못하기 때문에, 인간과 얼마나 닮았는지를 기준으로 다른 동물을 평가하고 선을 그을 때에는 판단에 신중을 기하는 것도 현명해 보인다.

## 공감과 감정의 소통

공감은 생물학과 행동학에서 하나의 행동으로 분류된다. 단순한 형태의 공감은 감정의 전이이다. 예를 들면, 다른 누군가가 겁을 먹으면 같이 겁을 먹게 되는 것이다. 이런 감정의 전이는 본능적인 신체 반응일 수 있다. 많은 동물들이 이런 행태의 공감을 경험하고, 최근에는 쥐며느리에서도 감정의 전이가 증명되었다.[30] 더 복잡한 형태의 공감으로는 상대를 돕는 행위, 상대가 어떻게 느끼는지를 이성적으로 이해하는 인지적 공감, 상상력을 활용하여 상대의 관점을 추측하는 귀속성이 있다. 공감은 감정적 소통의 한 형태로 여겨진다. 여기서는 얼굴 표정이 중요한 역할을 할 수 있다. 늑대는 매우 사회적인 동물이며, 코요테나 여우보다 더 정교한 표정을 짓는다.[31]

다양한 동물들이 공감하는 행동을 한다고 알려져 있다. 다윈의 글에 따르면, 그레이트솔트 호를 조사한 스탠스버리 대위는 늙고 뚱뚱하고 눈이 먼 펠리컨을 다른 펠리컨들이 먹여 살리는 모습을 발견했다. 다윈은 눈이 먼 동료를 돌보는 까마귀들에 대해서 다루었고, 다른 닭들에게 보살핌을 받는 눈먼 어린 수탉의 이야기를 들은 적이 있다고도 썼다.[32] 오늘날에는 인간과 DNA가 비슷하다는 이유로 쥐의 공감에 대한 연구가 많이 이루어지고 있다. 공감에 대한 연구에서는 동물이 다른 동물의 고통에 어떻게 반응하는지를 실험하기 때문에, 역설적이게도 대단히 잔혹한 경우도 종종 있다. 동물은 같은 종의 다른 개체뿐만 아니라 다른 종에게도 공감한다. 반려동물은 자신의 반려인에게 공감하고, 때로는 위로를 건네려고 한다고 알려져 있다. 동물 무리가 인간의 아이를 자식처럼 기른 이야기도 더러 있다.[33]

행동 연구와 더불어, 연구자들은 공감이 뇌에서 어떻게 나타나는지에 대해서도 연구하고 있다. 연구자들의 발견에 따르면, 동물이 다른 동물의 행동을 보고 있을 때는 자신이 그 행동을 할 때와 같은 방식으로 거울 뉴런이 활성화된다. 거울 뉴런은 다른 동물의 행동을 이해하고 해석하는 역할을 하며, 그들의 생각을 알려주는 실마리를 제공한다고 여겨진다. 그리고 언어와 감정적 통찰을 얻을 때에도 중요한 영향을 끼친다고 추측된다. 거울 뉴런은 인간과 다른 영장류와 조류의 뇌에서 발견되었다. 물레에서 실을 감는 길쭉한 가락인 방추에서 이름을 따온 방추 뉴런은 우리가 사랑을 느끼고 괴로운 감정을 경험할 수 있도록 해준다고 간주된다. 우리는 오랫동안 방추 뉴런이 인간과 다른 유인원에게서만 발견된다고 생각하고 이것을 우리와 다른 포유류를 구별하는 특징으로 간주했다. 그러나 방추 뉴런은 이제 고래와 코끼리에게서도 발견된다. 이 동물들에게서도 방추 뉴런은 공감, 사회조직, 언어, 상대방의 감정을 곧바로 느끼는 역할을 할 가능성이 크다.[34]

현재 동물의 감정 생활에 대한 연구는 도덕과 언어에 대한 연구와 같은 방식으로 이루어지고 있다. 생물학에서 감정은 행동의 조절을 돕는 심리 현상으로 이해된다. 간단한 이야기처럼 들리지만, 실제로는 감정의 개념을 정의하기가 매우 어렵다고 베코프는 지적한다.[35] 그 이유는 아마도 너무 보편적이기 때문에, 다시 말하면 감정의 복잡성을 아우르는 단일 이론이 없기 때문일 것이다. 그러나 분명한 점은, 감정이 존재하고 그것이 사회적 관계에서 극히 중요하다는 사실이다. 우리는 우리의 감각을 이용하여, 자세나 냄새나 소리나 표정으로 드러나는 상대방의 감정을 읽을 수 있다. 상대방도 같은 방식으로 우리의 감정을 읽을 수 있다. 우리가 의식적으로 느끼고 그에 반응하는 감정에는 본능적 감정인 1차 감정과 2차 감정이 있다. 인간과 다른 동물은, 감정과 인지가 서로 연결되어 있다. 다만 정확히 어떻게 연결되어 있는지를 우리가 아직 모르고 있을 뿐이다.

베코프는 비인간 동물에게서 나타나는 공포, 기쁨, 슬픔,

사랑, 분노, 심지어 수치심에 대한 여러 가지 사례를 논한다. 그는 동물의 감정에 관해서 학제 간에 추가적인 연구가 이루어져야 하며, 우리는 동물이 살아가는 방식을 더 많이 배워야 한다고 강조한다. 그렇게 해야만 동물이 왜 그렇게 행동하는지, 왜 그렇게 느끼는지를 더 잘 이해할 수 있다는 것이다. 동물은 아무것도 느끼지 못한다거나 우리는 결코 다른 동물들을 이해할 수 없다는 가정은 비생산적이며, 그런 인상을 확인하려는 연구 주제들만 만들어낼 뿐이다. 아마 개가 감정을 느끼는 방식은 인간과는 아주 다를 것이다. 그러나 이것이 개에게 슬픔이나 기쁨 같은 감정이 없다는 의미는 아니다. 여러 다양한 종의 동물들이 느끼는 감정은 인간의 감정과 비슷할 수 있다. 방금 공격당한 꿀벌은 상황을 비관적으로 보고 잔이 절반이나 비어 있다고 믿지만, 공격을 당하지 않은 꿀벌은 낙관적이라서 잔이 절반이나 차 있다고 생각한다.[36] 개[37]와 코끼리[38]는 외상 후 스트레스 장애를 겪을 수 있다. 우리는 범고래 틸리컴이 갇혀 살면서 우울증을 겪다가 인간을 괴롭히게 된 사례를 보았다.

어떤 동물들은 살아 있는 동료뿐만 아니라 죽은 동료에게도 공감한다. 제인 구달에 의해서 최초로 묘사된 것처럼, 침팬지는 죽은 동료를 애도한다고 알려져 있고, 코끼리도 애도 의식을 치른다. 줄리 앤 스미스는 토끼의 애도에 관한 글을 썼다. 앞에서 설명했듯이, 코끼리는 자신이 사랑하는 코끼리의 무덤을 몇 년 동안 계속해서 다시 찾는다. 또한 모르는 코끼리의 뼈에도 관심을 보이는데, 이는 죽음에 대한 코끼리의 이해가 단순히 개체 수준에 머물러 있지 않다는 사실을 암시한다. 기린에 대한 최근 연구에서도 비슷한 애도 의식이 드러났다.[39] 고릴라인 마이클은 수어로 자신의 부모를 죽인 밀렵꾼에 대하여 말했다. 까마귀는 무리의 일원들을 묻어준다. 이런 행동은 여우에게서도 관찰되었다. 이 모든 것들은 사사로운 이익이나 일상적인 상호작용을 벗어나는 형태의 돌봄이다.[40]

일부 연구자는 특정 동물의 이런 의식을 영적 의식, 심지어 종교적 의식으로까지 본다.[41] 인간에게 종교는 마음으로 하는 생각일 뿐만 아니라 마음속 깊이 새겨져 있는 것이며, 기본적으로 세례와 기도 같은 관례로 이루어져 있다. 개인과 공동체를 형성하는 일상의 습관과 의식에는 종교적인 행위도 포함된다. 침팬지를 관찰한 제인 구달과 개코원숭이를 관찰한 바버라 스머츠는 인간의 영적 경험을 평가절하하고 싶지 않았기 때문에, 적어도 인간 관찰자가 보기에는 그 동물들의 경험도 영적인 의식으로 보인다고 썼다. 스머츠는 그녀가 연구하고 있던 개코원숭이들이 작은 물웅덩이 주위에 둘러앉아서 하는 행동을 묘사했다. 개코원숭이들은 마치 깊은 생각에 잠긴 듯이 그 물웅덩이를 바라보다가 동시에 모두 다시 천천히 일어나서 조용히 앞으로 나아갔다. 스머츠는 그런 의식을 치르는 모습을 두 번 관찰했고, 그 순간에는 가장 시끄러운 어린 침팬지들조차도 조용해진다는 점에 주목했다.[42] 구달은 곰베에 있는 폭포 옆에서 춤을 추는 침팬지에 대해서 묘사했다. 그 침팬지의 춤에는 실용적인 목적이 없고, 대신 경외의 감정이 드러나는 것처럼 보였다.[43] 코끼리 소리 듣기 프로젝트Elephant Listening Project를 시작한 코끼리 연구자 케이티 페인은 한 라디오 인터뷰에서 한 무리의 코끼리들이 어떻게 동시에 모두 완전히 조용해지는지에 관한 이야기를 했다. 코끼리들은 그 상태로 1분 또는 그 이상 동안 조용히 있었다. 페인은 퀘이커 교도인 자신에게는 이것이 퀘이커 교도 회합에서 모두가 침묵을 지키는 순간을 떠오르게 한다고 말했다. 그녀는 이것을 명상의 한 형태로 보았다.[44]

## 규칙과 정의

일찍이 다윈은 동물에게 양심이 있고 선악을 구별할 수 있다고 보았는데,[45] 이는 관찰과 일화와 연구를 토대로 한 학설이었다. 베코프와 피어스는 이 학설을 지지하면서, 공감이 도덕적 행동의 토대라고 주장한다. 공감은 종의 경계를 뛰어넘는 현상일 수 있으므로 우리는 동물이 느끼는 감정을 알 수 있고, 때로는 다른 동물도 우리의 감정을 알 수 있다. 일부에서는 인간의 정의감을 고도로 발달된 감정이라고 생각하기도 하지만, 그렇게 확신할 수는 없다. 엄청나게 거대한 범고래의 뇌에는 인간에게는 없는 영역이 있는데, 이 영역은 감정 처리를 담당하는 대뇌변연계(둘레 계통)와 가까운 곳에 있다. 이런 이유에서, 어떤 과학자들은 범고래가 인간보다 더 사회적이고 더 풍부한 감정을 느낀다고 생각한다.[46] 많은 다른 동물들에게도 마찬가지로 정의감이 있다.

침팬지와 어린이의 공정에 대한 감각을 연구하기 위해서, 2개의 교환권 중에서 하나를 선택해야 하는 "최후통첩게임"을 변형한 실험이 이루어졌다. 2개의 교환권 가운데 하나는 상대와 보상을 똑같이 나누는 교환권이고, 다른 하나는 선택하는 쪽에게는 유리하고 짝을 이루는 상대에게는 불리한 교환권이다. 짝을 이루는 상대는 결과에 동의한다는 뜻으로 교환권을 넘겨주어야 한다. 예전에는 동물과는 이 게임을 할 수 없다고 생각했다. 동물은 항상 이기적인 선택을 할 것이라고 예상했기 때문이다. 그러나 그 예상은 사실이 아님이 드러났다. 침팬지와 어린이는 성인과 똑같은 선택을 했다. 짝의 도움이 필요하면 공평하게 나누었고, 짝이 수동적이면 이기적인 선택을 했다.[47]

연구는 불평등에 대한 감각이 유인원과 영장류에만 국한되지 않는다는 점도 보여준다. 개가 앞발을 주는 행동에 관한 연구에서, 앞발을 주었을 때에 다른 개가 보상을 받고 자신은 받지 못하면 그 개는 앞발을 내주지 않았다. 그런 개들은 스트레스 증세도 더 많이 보였다. 연구자들은 이것을 개들이 무엇이 공평하고 무엇이 그렇지 않은지를 감지하는 징후로 보았다.[48] 또한 개들은 인간의 사회적 행동을 서로 판단하여, 그들의 반려인에게 공감에서 우러난 충성심을 보이기도 한다. 최근의 한 연구에서는 자신의 반려인이 상자를 열 수 있도록 도와주는 사람과 그렇지 않은 사람을 개들이 지켜보게 하는 실험을 했다. 만약 도와주지 않은 사람이 나중에 개에게 간식을 주면, 개는 대체로 그 간식을 받아먹지 않았다. 그러나 반려인을 도와준 사람이 준 비스킷은 받아먹었다.[49]

또한 감정과 도덕성 연구는 우리가 인간의 도덕성을 더 면밀히 들여다볼 수 있게 해준다. 인간은 자신이 정의에 관해서는 특히 잘 발달되어 있다고 생각하는 경향이 있지만, 자신의 이익을 위해서 다른 동물들을 엄청난 규모로 이용하고 착취하는 종이기도 하다. 넓은 의미에서 보면, 우리가 살아가는 세계는 대체로 인간의 행동에 의해서 결정된다. 그래서 사상가들은 현시대를 인류세라고 부르기도 한다. 인간은 수많은 비인간 동물들의 영역을 점령해왔다. 다른 동물들과 공유하는 많은 공간에 도로와 건물을 짓고 배를 띄웠을 뿐만 아니라 소음과 다른 환경오염을 일으키고 있다. 다른 동물들에 대한 인간의 의무와 책임을 정하는 문제는 이 책의 범위를 벗어난다. 그러나 나는 언어 연구가 이런 문제를 생각하는 데에 한몫을 할 수 있다고 말하고 싶다. 언어는 다른 동물들의 내면생활을 들여다볼 수 있게 해주고, 동물과 새로운 관계를 맺는 데에 중요한 역할을 할 수 있기 때문이다.

# 7

# 우리가 동물과
# 이야기를 해야 하는 이유

박쥐가 부르는 사랑 노래는 인간의 문장만큼이나 구조가 복잡하다. 앵무새는 인간에게 인간의 언어로 수학 문제에 관한 이야기를 할 수 있다. 개는 인간 언어의 문법을 이해하며, 그들끼리는 고유의 문법이 있는 냄새 유형을 통해서 의사소통을 한다. 벌은 춤을 이용해서 공간 좌표를 상징적으로 전달한다. 돌고래에게는 이름이 있다. 프레리도그는 방문객을 자세히 묘사한다. 개와 그 개의 반려인은 서로 눈을 맞출 때에 애정 호르몬이 분비된다. 늑대는 놀이를 하는 동안에 그 놀이에 관한 의사소통을 한다. 말은 인간의 신체를 읽을 수 있다. 두족류는 피부의 색깔 변화를 이용해서 광범위한 정보를 전달할 수 있다. 동물들은 이런 언어적 표현과 그외 다른 표현들을 통해서 그들이 어떻게 느끼고 무엇을 원하는지에 대한 정보를 서로 주고받거나 우리에게 전달하기도 하고, 그들의 주위 환경을 묘사하기도 한다. 동물들은 서로 소통하고 질문하고 대답한다. 인간의 언어는 아마도 그 복잡성과 융통성 면에서 독특한 위치에 있겠지만, 다른 동물의 언어도 마찬가지이다.

동물의 언어에 대해서 최종 결론을 맺고 완전한 정의를 내리기에는 아직 너무 이르다. 그 이유는 이 주제에 관한 과학적인 연구가 아주 최근에 이루어졌고, 인간이 독단적으로 어떤 결론에 도달해서는 결코 안 되기 때문이다. 정치적인 관점에서 볼 때, 의미 있는 의사소통을 구성하는 요소가 무엇인지를 타인이 결정하는 것은 문제가 있다. 비인간 동물의 의사소통 형태가 인간이 "언어"라고 정의한 틀에 맞는지를 따지는 대신, 우리는 그들이 하는 말에 주의를 기울여야 한다. 그리고 거기에서부터 언어가 무엇이고 무엇이 될 수 있는지에 대한 연구를 시작해야 할 것이다. 이것은 단순히 듣기의 문제가 아니다. 우리는 공통적인 문제에 관하여 다른 동물들과 상호작용을 하기 위한 새로운 방법을 찾고자 최선을 다해야 한다. 이 장에서는 윤리학과 정치철학에서 동물이 차지하는 위치와 역할에 관한 최신 문헌을 바탕으로, 동물과의 새로운 관계를 형성하는 과정에서 언어의 역할을 조사할 것이다.

## 정치적인 동물

정치적 행위자가 인간뿐이라는 시각은 긴 역사를 지닌다. 아리스토텔레스는 『정치학(*Politika*)』 제1권에서 인간을 정치적인 동물이라고 정의한다. 게다가 말을 할 수 있는 능력, 더욱 구체적으로는 옳고 그름을 구별할 수 있는 능력을 타고난 유일한 동물로 본다. 그는 정치 공동체의 일부가 되기 위해서 이 능력이 필요하다고 보았고, 인간에게만 주어진 속성이라고 봄으로써 인간과 다른 동물들 사이에 선을 그었다. 이 선은 정치적 능력을 둘러싸고 있는 경계선으로 작용하여, 인간만이 정치적 동물이 될 수 있다는 점을 의미한다. 오직 인간만이 정치적인 행위를 할 수 있다는 생각은 철학뿐만 아니라 실제 정치에도 여전히 널리 퍼져 있다.

동물에게 언어가 없다는 생각과 마찬가지로, 이 생각에 대해서도 최근 들어 다른 분야에서 이의를 제기하고 있다. 정치철학에서는 동물을 인간의 정치 공동체와는 다른 관계에 있는 정치적 행위자로 보아야 한다는 제안이 나오고 있다.[1] 후기 구조주의[2]나 후기 인간주의[3] 학파에서는 인간 예외론에 의문을 품고 있다. 이런 의심은 동물 연구 분야 내에서도 일어났고, 동물지리학 같은 분야에서도 동물이 이미 인간의 정치 공동체에 영향을 미치고 있다는 사실을 다양한 방식으로 조명하고 있다.[4]

동물과 정치와 관련하여, 인간이 자주 농담처럼 하는 이야기가 있다. 동물은 투표를 할 수 없다는 것이다. 그러나 동물의 집단 결정에 관한 연구에서 밝혀진 바에 따르면, 동물은 투표를 할 수 있으며 그들의 사회 내에서는 실제로 투표가 이루어진다. 벌 공동체에서는 독일의 철학자 하버마스가 말하는 숙고와 비슷한 과정을 관찰할 수 있다. 여러 개체들이 선택 사항을 논의하고 그중에서 가장 좋은 것을 집단적으로 고른다.[5] 붉은사슴은 성체들 중에서 약 62퍼센트 이상이 일어서면 움직이기 시작한다.[6] 아프리카들소도 언제 멈추고 어디로 갈지를 집단적으로 결정한다. 암컷들은 일어서서 특정 방향을 바라보고 다시 그 자리에 누움으로써 앞으로의 일을 결정한다. 만약 의견이 갈린다면, 때로는 무리가 갈라지기도 한다. 한때 연구자들은 들소들이 일어나는 까닭이 단순히 다리를 쭉 뻗기 위해서라고 믿었지만, 사실 그 행동은 의사결정을 하기 위함이었다.[7] 비둘기 무리에서는 서열이 유동적이다. 서열은 그때그때 달라지며 서열이 가장 높은 개체들은 무리가 어디로 날아갈지를 결정한다.[8] 바퀴벌레는 의사결정의 형태가 벌이나 개미에 비해서 덜 발달했지만, 무질서하거나 무논리적으로 행동하지는 않는다. 50마리의 바퀴벌레와 세 곳의 은신처가 있는 한 실험에서, 바퀴벌레들은 두 무리로 갈라져서 세 곳의 은신처 중 두 곳에 모였다. 은신처가 더 넓어지자, 바퀴벌레들은 모두 한 곳의 은신처로 모였다. 이 실험은 바퀴벌레들이 협동과 경쟁 사이에서 적당히 균형을 맞추려고 하고 있다는 것을 보여준다.[9] 개코원숭이 무리에서는 우두머리인 암수 개코원숭이들이 결정을 내린다. 그러나 다른 개코원숭이들은 그 결정에 영향을 주며, 그들의 행동 하나하나가 모두 중요하다.[10]

앞에서 나는 고통, 공포, 사랑 같은 개념이 진공 속에서 나타난 것이 아니라고 썼다. 동물은 다른 동물들의 행동과 존재에 영향을 받는다. 어떤 사상가들의 주장에 따르면 이것 역시 정치 공동체, 그리고 우리가 말하는 정치에 해당한다. 우리는 종종 정치를 동물은 이해할 수 없는 그 너머의 영역이라고 믿는다. 또한 사교적이고 사회적인 구조를 책임질 수 있는 동물은 인간뿐이라고 생각하고 싶어한다. 앞에서 나는 동물의 저항이 인간의 관습과 사회구조에 어떤 영향을 끼쳤는지를 묘사한 역사학자 제이슨 라이벌의 연구를 소개했다. 동물과 정치에 관하여 생각할 때에 중요한 부분은 정치가 의회에서만 이루어지지 않음을 아는 것이다. 정치적으로 보이며 공식적인 형태의 정치적인 의사결정에 영향을 주는 갖가지 관습은 인간뿐만 아니라 다른 동물들에게서도 나타난다.

그러나 인간의 정치적 개념은, 다른 동물들과 새로운 정치적 관계의 확립에 대하여 생각하도록 우리를 안내할 수 있다. 정치철학자인 수 도널드슨과 윌 킴리카는 비인간 동물 집단을 정치 공동체로 보아야 한다고 주장한다.[11] 권리와 의무를 결정할 때, 우리는 비인간 동물 공동체가 인간의 정치 공동체와 어떻게 연결되어 있는지를 살펴야 한다. 이들은 비인간 동물을 세 종류로 분류하자고 제안한다. 가능한 한 인간에게서 멀리 떨어져 있기를 선호하는 야생동물들은 자주적인 자치 공동체로 생각해야 한다. 반려동물이나 농장 동물 같은 길들여진 동물에게는 시민권을 부여해야 한다. 인간들 틈에서 살지만 길들여지지 않은 동물은 "영주민"으로 간주하고, 완전한 시민권이 아닌 영주권을 주어야 한다.

이런 권리의 내용을 정확하게 결정하는 과정에는 전후 사정과 동물의 행위성이 중요하게 작용한다. 도널드슨과 킴리카는 길들여진 동물은 역사적으로 인간들에게 학대당해왔기 때문에 우리 공동체의 일부가 될 권리가 있다고 썼다. 인간은 그들을 포획하고, 번식 프로그램을 통해서 신체를 변형시킴으로써 인간에게 의존하게 만들어왔다. 이제 그들은 종을 초월한 공동체의 일부이고, 이곳이 그들의 집이다. 따라서 그들을 없애는 것은 부당한 일일 것이다. 또한 길들여진 동물은 인간과 동물의 공존을 가능하게 하는 특성을 가지고 있으므로 인간-동물 공동체의 일부이기도 하다. 우리는 앞에서 설명한 공동의 언어 게임에서 그 사례를 볼 수 있다. 길들여진 동물의 권리에는 건강관리, 머무를 거처, 정치적인 의사 표현에 대한 권리가 포함될 것이다. 야생동물은 동물의 스펙트럼에서 길들여진 동물의 반대편에 위치한다. 야생동물은 대개 인간과 접촉하기를 꺼리고, 스스로를 돌볼 수 있다. 이는 개입을 항상 피해야 한다는 의미는 아니다. 때로 우리는 다른 공동체에 속해 있더라도 도움이 필요한 다른 이들을 도울 의무가 있으며, 우리의 행동이 그들의 환경에 미치는 영향 또한 고려해야 한다. 도시나 농촌 지역의 틈새 공간에서 인간들과 함께 살아가는 동물들은 일반적으로 인간과의 접촉을 피하지만, 이 동물들에게도 한 장소에 정착할 권리와 차별받지 않을 권리가 있다.

이 정치 이론은 윤리학의 한 분야인 동물권 철학에 뿌리를 두고 있다. 이 철학에서는 다른 동물들을 생명이 있는 소중한 대상으로 인식한다. 동물권에 관한 생각은 오랫동안 "부정적인 권리"에 주안점을 두고 있었다. 부정적인 권리는 어떤 개체에게 일어나서는 안 되는 일에 대한 권리, 다시 말하면 죽임을 당하지 않을 권리, 감금되지 않을 권리, 다른 이의 이득을 위해서 이용되지 않을 권리이다.[12] 도널드슨과 킴리카는 이런 권리가 인간과 비인간 동물을 포함한 모든 동물들에게 대단히 중요하며 사회에서 그들의 지위가 달라져야 하지만, 그것만으로는 부족하다고 지적한다. 가치 있는 삶을 살기 위해서는 죽임이나 감금을 당하지 않는 것만으로는 충분하지 않기 때문이다. 살 곳이 있어야 하고, 다른 사람들과 관계를 맺을 기회가 있어야 하고, 다른 방식으로 기술과 재능을 발전시킬 수 있어야 한다.[13] 인간과 다른 동물들은 때로는 공동체를 형성하고 때로는 영역을 공유하기 때문에 이미 여러 가지 다양한 방식으로 함께 살고 있다. 게다가 우리는 하나의 행성에서 함께 살아간다. 관계 맺기는 피할 수 없고, 더 나은 관계 맺기가 가능하므로 피할 필요도 없다. 다른 동물들과의 공정한 관계를 생각해보기 위해서, 인간의 정치 공동체가 서로 어떻게 연결되어 있는지와 그런 사례들에서 우리는 무엇을 공정하다고 생각하는지를 살펴보는 것도 도움이 될 수 있다.

## 정치적 상호작용에서 언어의 역할

언어는 의회 같은 공식적인 상황뿐만 아니라, 시위에서부터 홍보 자료와 웹사이트에 이르기까지 다른 여러 가지 현실적인 상황을 포함하는 정치적인 상호작용에서 중요한 역할을 한다. 민주주의의 특징 가운데 하나는 그 안에서 살아가는 사람들이 기존의 체계에 그저 참여만 하는 것이 아니라, 그 체계의 결정에 관해서도 발언이 가능하다는 점이다. 우리는 수동적으로 투표만 할 수 있는 것이 아니다. 직접 선거에 출마하여 새로운 법과 규정을 제안할 수 있는 권리도 있다. 우리와 함께 살아가는 개, 고양이, 토끼, 기니피그, 돼지, 소, 말, 당나귀, 염소, 양, 닭 같은 동물들은 그들 나름대로 좋은 삶에 관한 생각을 가지고 있으며, 그들만의 방식으로 인간과 의사소통을 한다. 우리는 인간이 동물의 권익을 고려할 수 있다고 생각하지만, 동물이 스스로 통치에 힘을 보태거나 법 같은 것을 생각할 수 있다고는 거의 상상하지 못한다. 현 체계에서는 동물이 선거에 출마하거나 의회에서 의미 있는 논의를 할 수는 없지만, 이는 참여가 불가능하다는 뜻은 아니며 참여가 바람직하지 않다는 뜻도 확실히 아니다.

많은 법과 규정은 다른 동물들의 의사와는 상관없이 그들의 삶에 영향을 끼친다. 여기에는 종종 그들이 말을 할 수 없기 때문이라는 이유가 붙는다. 동물의 언어와 그들의 주관성에 관해서 알면 알수록, 동물들도 그들의 의견이 있다는 사실이 더욱 명확해진다. 그리고 우리는 그 사실을 더 이상 무시해서는 안 된다. 차별과 평등에 관한 시민의 권리 운동에서 나온 통찰은 여기서 무엇이 시급한지를 이해하는 데에도 도움이 될 수 있다. 다른 지배 집단과 마찬가지로, 인간도 사회에서 자신의 위치를 다시 생각해보아야 한다. 이것은 비단 다른 동물들에게만 중요한 문제가 아니다. 환경과 기후 문제는 인간의 생활 방식이 미래 세대에게 초래할 결과를 우리에게 경고해왔다.

동물과의 정치적 의사소통은 국경 분쟁에서, 가정에서, 도시에서, 국가에서 이미 일어나고 있다. 이런 의사소통을 개선하기 위해서는 종 특이적 언어가 고려되어야 한다. 거위에게 어떤 곳에서는 환대를 받지 못한다고 인간의 언어로 말해보아도 별 소용 없지만, 그렇다고 의사소통을 할 수 없다는 의미는 아니다. 그들의 언어와 종 사이에 공유되는 언어 게임을 토대로, 우리는 그들에게 사물을 설명하기 위해서 무엇인가를 해볼 수 있다. 거위와 함께한 로렌츠의 연구에서 볼 수 있듯이, 호기심이 많은 동물은 새로운 형태의 언어에 도달하기 위해서 협력을 할 수도 있다. 그 결과, 우리는 정치적 의사소통과 정치에 관하여 우리가 이해하고 있던 내용을 재확립할 필요가 있다. 다양한 정치철학자들이 정치에서는 언어를 합리적이고 논쟁적인 이미지로만 활용한다고 비판해왔다. 그러면서 이런 방식으로 자신을 표현하는 사람들만 진지하게 받아들이는 것은 다른 목소리를 들리지 않게 하므로 문제가 있다는 사실에 주목했다. 예를 들면 그들은 의식, 신체 언어, 인사, 감정과 사연과 매력의 역할의 중요성을 지적한다.[14] 더 나아가 인간 공동체는 다양한 방법으로 자신을 정치적으로 표현한다. 그리고 정치적 행동에 대한 이미지는 전통적으로 정치에서 진지하게 받아들여지지 않았던 사람들을 이미 배제하고 있다.[15] 이를테면 여자가 의회에서 목소리를 높이면 종종 감정적이라고 묘사되지만, 남자의 경우에는 강하고 열정적이라고 본다.

그러나 동물과의 정치적 의사소통이 정확히 어떤 형태를 취할 수 있을까? 이는 당연히 동물과 상관이 있는 만큼 인간과도 상관이 있다. 자신을 표현하는 방식은 개체마다, 종마다, 공동체마다 다르므로, 몇 줄의 문장에 담을 수 없다. 아니, 책 한 권으로도 모자랄 것이다.[16] 동물과 함께 살아가는 것에 대한 새로운 연구는 이런 영역에서의 실험에 이용될 수 있다. 그런 연구가 성공을 거두기 위해서는 동물이 의미 있는 의사소통을 한다고 가정하고, 미래에 대한 열린 마음을 유지하는 것이 중요하다. 이와 관련하여, 우리는 인간과 다른 동물들이 이미 정치적 의사소통을 하고 있는 사례들을 자세히 연구함으로써 다른 동물과 그들의 행동을 다르게 보기 시작하면, 새로운 관계가 어떻게 형성될 수 있는지를 조사할 수 있다.

## 야생동물과의 정치적 의사소통 : 싱가포르의 마카크원숭이

싱가포르 부킷티마 자연보호 구역의 마카크원숭이 개체군은 멸종 위기에 처해 있다.[17] 이 지역에서 살게 된 사람들의 집에 가로막혀서 마카크원숭이들이 야생동물 이동 통로로 접근하지 못하고 있기 때문이다. 사람들은 자신들이 들어오기 전부터 마카크원숭이들이 그곳에서 살고 있었다는 사실을 알았고, 실제로 자연과 더 가깝게 살기 위해서 그 지역을 선택했다고 말한다. 또한 그들은 마카크원숭이들에게 먹이를 주기도 한다. 그 결과, 매우 대담해진 마카크원숭이들은 인간에게 지나치게 가까이 다가가서 먹이를 훔치거나 소란을 피우는 등의 문제들을 일으켰다. 이 원숭이들과 자주 마주치는 사람들은 원숭이들이 짜증스럽다거나 무섭다고 묘사한다. 그러나 마카크원숭이들을 대하는 인간의 태도가 부정적이기만 하지는 않다. 원숭이들을 귀엽다고 생각하고, 쉽게 죽여서는 안 된다고 믿는 사람들도 많다. 충돌이 발생할 때에는 보호 구역 관리자들이 거주자들의 민원과 마카크원숭이를 보호해야 하는 필요성을 놓고 고심하지만, 대개 마카크원숭이는 최악의 결과를 맞는다. 거주자들에게 골칫거리로 인식되면, 보통 마카크원숭이는 죽임을 당한다.

인간이 떠나는 것도 분쟁을 해결하는 하나의 방법이 될 수 있다. 어쨌든 인간이 동물의 영역을 차지했고, 인간은 다른 곳에서도 살 수 있기 때문이다. 만약 인간이 그곳에서 한동안 살았거나, 그곳에서 아이들이 태어났거나, 달리 갈 곳이 없다거나, 동물이 인간의 영역에 들어온 것이라면, 상황이 다르므로 공존할 방법을 찾아야 한다. 동물지리학자인 여준한과 하비 네오는 이런 상황을 연구했고, 인간과 마카크원숭이 사이에서 일어나는 눈맞춤, 거리 유지, 상대방의 신체 언어 읽기, 서로 다가가기 위한 노력과 같은 다양한 의사소통의 형태를 열거했다. 마카크원숭이는 인간의 말에 반응하고 인간의 억양에 민감하게 행동하며, 인간은 마카크원숭이가 내는 소리에 반응한다. 예를 들면 신디라고 불리는 한 주민은 이렇게 말했다. "언젠가 내 가방을 뺏어가려고 하는 원숭이를 꾸짖은 적이 있어요. 나는 목소리를 높이면서 손가락으로 가방을 가리켰는데, 원숭이는 그런 내 행동을 이해하는 것처럼 보였어요. 그리고는 물러났죠."[18] 원숭이의 언어를 배우고 인사로 시작되는 정치적인 의례를 도입함으로써, 이런 상호작용의 형태를 고찰하는 것은 하나의 모범 사례를 만드는 데에 도움이 될 수도 있다. 그 결과, 인간과 원숭이는 서로 더 가까워지거나 서로의 경계가 더 명확하게 정해지게 된다. 마카크원숭이는 이곳에서 이미 정치적 힘을 직접 행사하고 있다. 이들은 계급과 땅의 소유권에 이의를 제기하면서 인간과 의사소통을 하고 있다. 여와 네오가 내놓은 해결책은, 원숭이에게 먹이를 주면 원숭이가 저돌적으로 행동할 수 있다는 내용의 경고판을 세워서 알리는 방식으로, 주로 인간의 인식을 높이는 것과 관련이 있다. 이런 접근법에 더해서, 서로 상대방의 의사소통 형태를 배우는 방식도 도움이 될 수 있다.

## 개들과의 정치적 의사소통

로스앤젤레스에서는 로렐케니언 애견 공원을 안전한 장소로 만들기 위해서 개와 인간의 협업이 이루어졌다.[19] 지역이 낙후되면서 이곳에서는 범죄 문제가 발생하기 시작했다. 한 무리의 사람들은 이 공원을 새롭게 바꾸기로 결심하고, 불법으로 그들의 개들을 풀어놓고 자유롭게 돌아다니게 했다. 그 결과, 달갑지 않은 방문객이었던 범죄자들이 자취를 감추었다. 공원은 더 안전해졌고, 다른 주민들도 다시 공원을 이용하기 시작했다. 그러자 이번에는 또다른 주민들이 등장해서 목줄을 매지 않은 개들의 존재를 반대했다. 결과적으로 공원을 새롭게 바꾸고자 한 집단은 그 지역을 목줄을 매지 않은 개들이 와도 되는 곳으로 유지하는 데에 성공했다. 모든 수준에서, 즉 공원을 새롭게 바꾸고자 한 집단과 문제를 일으킨 사람들, 개들과 그 반려인들, 개들과 공원을 이용하는 다른 주민들, 심지어 개들 사이에서도 언어적 상호작용이 이루어졌다. 개들과 그 반려인들은 공원이 만남의 장이 되도록 했다. 이제는 상시 대화가 가능하다. 개들이 스스로 그런 묘안을 내놓은 것은 아니지만, 그 조치를 성공시키기 위해서는 개들이 꼭 필요했으며, 그들은 상호작용의 형태에도 영향을 주었다. 이제 그 공원은 인간과 동물이 가고 싶어하는 장소가 되었고, 다양한 단체들이 공원을 유지, 관리하고 있다.

개들은 인간이 관여하지 않아도 정치적으로 행동할 수 있다. 모스크바 교외에는 작은 무리를 지어서 살고 있는 떠돌이 개들이 있는데, 이 개들은 도심에서 먹이를 구하기 위해서 정기적으로 지하철을 탄다. 모스크바의 떠돌이 개들을 30년 동안 연구한 생물학자 안드레이 포야르코프는 지하철을 타는 개들을 "지적 엘리트"라고 부른다.[20] 이 개들은 언제 길을 건너야 하는지를 알고, 신호등을 읽을 수도 있다. 그리고 어떤 사람에게 음식을 달라고 해야 하는지도 파악할 수 있는데, 능숙하게 신체 언어를 읽고 옷차림까지 고려하여, 주로 40대 이상의 여자를 고른다. 통근자와 관광객은 모두 지하철에 있는 개들의 존재를 인정한다. 공식적으로는 개들이 모스크바 지하철을 타는 것은 허용되지 않지만, 때로는 통근자들이 떠돌이 개 무리를 들어오게 하기도 한다. 그러나 이보다는 개들이 스스로 입구를 빠져나가는 경우가 더 많다. 그렇게 함으로써, 개들은 지하철이 인간을 위한 운송 수단이라는 점에 의문을 제기하고 지하철을 타고 돌아다닐 권리를 획득했다. 이들의 행동은 떠돌이 개들에 대한 기존의 고정관념에도 영향을 준다. 사실 이 개들은 영리하고 야무지다.[21] 이 개들은 좌석이나 바닥에 조용히 앉아서 점잖게 행동한다.

모스크바 시의회는 도시에서 떠돌이 개들을 없애기 위한 계획을 한 번씩 내놓고는 하는데, 그것은 개들을 도살하겠다는 의미이다. 그러자 동물권 활동가들과 개를 돌보는 사람들 같은 다양한 집단에서 개들을 보호하기 위한 목소리를 냈다. 지하철을 타는 개들도 이 과정에서 하나의 역할을 하기 시작했다. 사람들이 이 개들을 홍보대사로 삼아서 개들의 사진을 인터넷에 공유했기 때문이다.[22] 이 개들은 특별히 더 인간의 공간이라고 인식된 곳을 차지함으로써,

떠돌이 개를 도시와 지하철에서 쫓아내는 것이 불가능하다는 사실을 증명했다. 또한 개들은 점잖게 행동함으로써 그들을 쫓아낼 필요가 없음을 보여준다. 지하철을 타는 개가 인터넷에 처음 등장하고 어느 정도 시간이 흐른 뒤인 2001년, 떠돌이 개들을 총으로 쏘는 것은 불법이 되었다.

## 동물과 함께 생각하기

철학에는 동물에 관한 생각은 많지만, 동물과 함께하는 생각은 그다지 많지 않다. 동물과 함께하는 생각은 이상적이거나 조금 영적으로 보이지만, 꼭 그렇지만도 않다. 언어는 우리가 다른 이들의 생각을 헤아릴 수 있게 해주고, 우리의 생각을 다른 이들에게 보여줄 방법을 제공한다. 하이데거의 글처럼, 언어는 우리를 둘러싼 세계를 꿰뚫어볼 수 있게 하고 그 세계를 형성한다. 동물과 함께 생각하고 말하기에도 이런 2가지 측면이 있는데, 동물을 더욱 잘 이해할 수 있도록 인간을 가르치고, 새로운 관계로 나아가는 발판을 제공하는 것이다. 철학에서 대화는 오랫동안 진리를 찾기 위한 시행착오 수단이었다. 언젠가부터 많은 철학자들은 하나의 보편적인 진리를 더 이상 믿지 않게 되었다. 그래도 더 좋은 주장과 더 나쁜 주장은 있다. 서로 대화를 시작하고, 상대를 설득하기 위해서 노력하고, 필요한 곳에서 우리 자신의 태도를 바로잡고 개선함으로써, 우리는 더 나은 판단을 내릴 수 있다. 그리고 어쩌면 이 세계와 세계 안에서의 우리의 위상을 더욱 잘 이해하게 될지도 모른다. 이는 진리라고 불리는 궁극의 지식에 우리가 결코 도달할 수 없다는 뜻이 아니다. 어쨌든 우리는 이 세계에 있는 하나의 장소, 하나의 역사, 하나의 몸에 항상 매여 있어야 한다.

단순히 다른 동물들에 관한 연구만으로는 그들이 무엇을 바라는지를 충분히 밝혀낼 수 없다. 우리는 그들과 이야기를 나누어야 한다. 동물과 자유롭게 대화를 나누려면 인간과 다른 동물 사이의 위계질서에 도전해야 하지만, 인간이 동물을 다르게 보기 시작하면 간단한 문답식 대화만으로도 이런 변화를 일으킬 수 있다. 동물과의 대화에도 언어에 대한 새로운 사고방식이 필요하다. 다른 동물들은 언어가 우리의 생각보다 더 광범위하고 더 풍부하다는 점을 보여주고, 인간의 말 외에도 우리 자신을 의미 있게 표현할 수 있는 수많은 다른 방법들이 있음을 우리에게 알려준다. 이런 표현 형태를 열등한 것으로 치부하는 대신, 우리는 그 표현을 통해서 다른 동물들의 내면을 들여다보고, 의미를 만들어내는 다른 방식들을 배워야 한다. 동물의 언어가 언어이기 위해서, 다른 동물들이 무엇인가 새로운 것을 배울 필요는 없다. 그들을 바라보는 인간의 시선이 바뀌기만 하면 된다. 그들은 늘 이야기를 하고 있다.

# 감사의 글

초고를 읽고 견해를 밝혀준 욜란더 얀선과 미리암 레이더르스, 몇 년 동안 동물 연구에 관한 신문 기사를 잘라서 모아준 게릿 메이어르, 내가 어린 시절 동물을 사랑할 수 있도록 북돋아준 륏 스헤르펜하위선에게 감사 인사를 전한다. 무엇보다도 퓌티, 올리, 피카, 조이, 도티어, 퓌키, 키티, 론야, 데스티니, 푸멜리, 비트어 1세와 2세, 혼드어, 라커르, 피노, 루나, 미키, 마위스, 폴, 사르티어, 예쥐스, 알무스, 보보, 누샤, 그리고 그들이 하고자 하는 이야기를 내게 끈기 있게 가르쳐주고 내 친구가 되어준 모든 다른 동물들에게도 큰 고마움을 전한다.

# 주

이 책에서 나는 언어와 관련하여 인간과 다른 동물들 사이의 위계에서 벗어나려고 한다. 이와 결을 맞추어, 나는 다른 동물들을 묘사하는 단어에서도 그들에 대한 정형화된 시각을 반복적으로 보여주지 않기 위해서 노력했다. 예를 들면, 인간은 일반적으로 "그", "그녀", "그들"로 묘사되고, 동물은 "그것"으로 묘사된다. 인간은 주인이고, 반려동물은 애완동물이다. 나는 동물을 지칭할 때 "그것"이라는 단어를 피하고 "그" 또는 "그들"을 사용했다.

서론


1 이 단락에서 소개된 사례 중에서 갯가재와 마모셋원숭이를 제외한 다른 사례들은 나중에 다시 더 깊이 다룰 것이다.

2 Thoen, Hanne H. et al. 'A different form of color vision in mantis shrimp', *Science* 343.6169, 2014, pp. 411–13.

3 Albuquerque, Natalia et al. 'Dogs recognize dog and human emotions', *Biology Letters* 12.1, 2016, https://doi.org/10.1098/rsbl.2015.0883.

4 Takahashi, Daniel Y., Narayanan, Darshana Z. and Ghazanfar, Asif

A. 'Coupled oscillator dynamics of vocal turn-taking in monkeys', *Current Biology* 23.21, 2013, pp. 2162–8.

5 Allen, Colin and Bekoff, Marc. *Species of Mind: The Philosophy and Biology of Cognitive Ethology*, MIT Press, 1999.

6 성차별과 종차별의 교차점에 대해서는 다음 사례를 보라. Adams, Carol J., *The Sexual Politics of Meat: A Feminist-Vegetarian Critical Theory*, A&C Black, 2010.

7 Wittgenstein, Ludwig. *Filosofische onderzoekingen*, Uitgeverij Boom, 2006.

8 Derrida, Jacques and Mallet, Marie-Louise. *The Animal That Therefore I Am*, Fordham University Press, 2008.

9 Kleczkowska, Katarzyna. 'Those who cannot speak: animals as others in ancient Greek thought', *Maska* 24, 2014, pp. 97–108.

10 앞에서 언급했듯이, 나는 서양철학의 전통 속에서 동물에 대하여 논의하고 있다. 다른 문화에서 언어의 역할에 관한 논의, 그리고 비인간 동물과의 관계에서 그것이 초래한 결과는 다음을 보라. Abram, David, *The Spell of the Sensuous: Perception and Language in a More-than-Human World*, Vintage, 1997.

11 동물에 대한 언어 차별을 포괄적으로 다룬 논의는 다음을 보라. Dunayer, Joan, *Animal Equality: Language and Liberation*, Ryce, Derwood MD, 2001.

12 Waal, Frans de. 'Anthropomorphism and anthropodenial: consistency in our thinking about humans and other animals', *Philosophical Topics* 27.1, 1999, pp. 255–80.

13 Aristoteles, *Politica*, Historische Uitgeverij, 2012.

14 See Descartes' letter to the Marquess of Newcastle, 23 November 1646, in Descartes, René et al., *The Philosophical Writings of Descartes: Volume 3, The Correspondence*, Cambridge University Press, 1991.

15 Kant, Immanuel. *Grondslagen van de ethiek*, Boom, Amsterdam/Meppel, 1978.

16 Heidegger, Martin. *The Fundamental Concepts of Metaphysics: World, Finitude, Solitude*, Indiana University Press, 2001.

17 See Descartes' letter to the Marquess of Newcastle, 23 November 1646, op. cit.

## 제1장 인간의 언어로 말하기

1 http://www.nrc.nl/ik/2015/01/26/hoest/

2 Pepperberg, Irene M. *The Alex Studies: Cognitive and Communicative Abilities of Grey Parrots*, Harvard University Press, 2009.

3 Burger, Joanna. *The Parrot Who Owns Me: The Story of a Relationship*, Villard, 2001.

4 Lorenz, Konrad and Kerr Wilson, Marjorie. *King Solomon's Ring: New Light on Animal Ways*, Psychology Press, 2002.

5 Chartrand, Tanya L. and Baaren, Rick B. van. 'Human mimicry', *Advances in Experimental Social Psychology* 41, 2009, pp. 219–74.

6 Baaren, Rick B. van et al. 'Mimicry and prosocial behavior', *Psychological Science* 15.1, 2004, pp. 71–4.

7 Iacoboni, Marco. 'Imitation, empathy, and mirror neurons', *Annual Review of Psychology* 60, 2009, pp. 653–70.

8 Kellogg, W. N. and Kellogg, L. A. *The Ape and the Child*, Anthropoid Experiment Station of Yale University, 1932.

9 Hayes, Keith J. and Hayes, Catherine. 'Imitation in a home-raised chimpanzee', *Journal of Comparative and Physiological Psychology* 45.5, 1952, pp. 450–9.

10 Gardner, Allen and Gardner, Beatrix. *Teaching Sign Language to the Chimpanzee Washoe*, Penn State University, Psychological Cinema Register, 1973.

11 Hess, Elizabeth. Nim Chimpsky: *The Chimp Who Would Be Human*, Bantam, 2008.

12 Savage-Rumbaugh, E. Sue, Rumbaugh, Duane M. and Boysen, Sarah. 'Do apes use language? One research group considers the evidence for representational ability in apes', *American Scientist*, 1980, pp. 49–61.

13 Patterson, Francine G. 'The gestures of a gorilla: language acquisition in another pongid', *Brain and Language* 5.1, 1978, pp. 72–97.

14 http://www.koko.org/michaels-story

15 Patterson, F. and Gordon, W. 'Twenty-seven years of Project Koko and Michael', *All Apes Great and Small* 1, 2002, pp. 165–76.

16 Savage-Rumbaugh, Sue, Shanker, Stuart G. and Taylor, Talbot J. *Apes, Language, and the Human Mind*, Oxford University Press, 1998.

17 Hearne, Vicki. *Adam's Task: Calling Animals by Name*, Skyhorse Publishing Inc., 1986.

18 Nishimura, Takeshi et al. 'Descent of the larynx in chimpanzee infants', *Proceedings of the National Academy of Sciences* 100.12, 2003, pp. 6930–3.

19 Hobaiter, Catherine and Byrne, Richard W. 'The meanings of chimpanzee gestures', *Current Biology* 24.14, 2014, pp. 1596–1600.

20 Roberts, Anna Ilona et al. 'Chimpanzees modify intentional gestures to coordinate a search for hidden food', *Nature Communications* 5, 2014.

21 Leeuwen, Edwin J. C. van, Cronin, Katherine A. and Haun, Daniel B. M. 'A group-specific arbitrary tradition in chimpanzees (Pan troglodytes)', *Animal Cognition* 17.6, 2014, pp. 1421–5.

22 Lilly, John Cunningham. Man and Dolphin, Doubleday, 1961.

23 동물의 자살에 대한 연구는 거의 이루어지지 않았다. 동물행동학자

인 마크 베코프는 깊은 불행에 빠진 동물들이 스스로 삶을 마감한 일화들을 한 블로그에 소개했다(2012). 그는 자신의 코를 밟고 있는 코끼리 혹은 절벽에서 발을 내딛는 코끼리, 일부러 해변으로 올라오는 고래, 지진이 일어난 후에 높은 곳에서 뛰어내리는 고양이들을 언급한다. 또한 아기를 잃고 스스로 물속으로 걸어 들어간 당나귀의 이야기도 다룬다. https://www.psychologytoday.com/blog/animal-emotions/201207/did-female-burro-commit-suicide

24 See the BBC documentary *The Girl Who Talked to Dolphins*.

25 Herzing, Denise L. *Dolphin Diaries: My 25 Years with Spotted Dolphins in the Bahamas*, Macmillan, 2011.

26 Ridgway, Sam et al. 'Spontaneous human speech mimicry by a cetacean', *Current Biology* 22.20, 2012, https://doi.org/10.1016/j.cub.2012.08.044.

27 Pogrebnoj-Alexandroff, A. *The True History or Who is Talking? An Elephant!*, Lode Star Publishing, 1993.

28 Stoeger, Angela S. et al. 'An Asian elephant imitates human speech', *Current Biology* 22.22, 2012, pp. 2144–8.

29 쉽게 접근할 수 없는 산악 지대에서는 먼 거리에서 의사소통을 하기 위해서 휘파람 같은 언어를 이용하기도 한다. 그런 언어의 한 예로, 카나리아 제도에 위치한 라고메라 섬의 일부 주민들이 쓰는 실보 고메로가 있다.

30 코끼리에 대해서 더 알고 싶다면 코끼리 소리 듣기 프로젝트의 웹사이트를 보라. http://www.birds.cornell.edu/brp/elephant/

31 O'Connell, Caitlin. *Elephant Don: The Politics of a Pachyderm Posse, University of Chicago Press*, 2015.

32 Bradshaw, Isabel Gay A. 'Not by bread alone: symbolic loss, trauma, and recovery in elephant communities', *Society & Animals* 12.2, 2004, pp. 143–58.

33 Lorenz, Konrad and Kerr Wilson, Marjorie. *King Solomon's Ring:*

*New Light on Animal Ways*, Psychology Press, 2002.

34 Westerfield, Michael. *The Language of Crows*, Ashford Press, 2012.

35 위의 책.

36 St Clair, James J. H. et al. 'Experimental resource pulses influence social-network dynamics and the potential for information flow in tool-using crows', *Nature Communications 6*, 2015; hhttp://phys.org/news/2015-11-crows.html

37 Marzluff, John M. et al. 'Lasting recognition of threatening people by wild American crows', Animal Behaviour 79.3, 2010, pp. 699-707.

38 Healy, Susan D. and Krebs, John R. 'Food storing and the hippocampus in corvids: amount and volume are correlated', P*roceedings of the Royal Society of London B: Biological Sciences* 248.1323, 1992, pp. 241-5.

39 Pika, Simone and Bugnyar, Thomas. 'The use of referential gestures in ravens (Corvus corax) in the wild', *Nature Communications* 2, 2011.

40 Taylor, Alex H. et al. 'Complex cognition and behavioural innovation in New Caledonian crows', *Proceedings of the Royal Society of London B: Biological Sciences*, 277.1694, 2010, https://doi.org/10.1098/rspb.2010.0285; https://www.wimp.com/a-crow-solves-an-eight-step-puzzle.

41 Swift, Kaeli. *Wild American Crows Use Funerals to Learn about Danger*, Diss., University of Washington, 2015.

42 Wittgenstein, Ludwig. *Filosofische onderzoekingen*, Uitgeverij Boom, 2006.

43 Gaita, Raimond. *The Philosopher's Dog: Friendships with Animals*, Random House, 2009.

44 Hare, Brian and Woods, Vanessa. *The Genius of Dogs: Discovering*

*the Unique Intelligence of Man's Best Friend*, Oneworld Publications, 2013.

45 http://www.bbc.com/earth/story/20150216-can-any-animals-talk-like-humans

46 Musser, Whitney B. et al. 'Differences in acoustic features of vocalizations produced by killer whales cross-socialized with bottlenose dolphins', *Journal of the Acoustical Society of America* 136.4, 2014, pp. 1990–2002.

47 Lameira, Adriano R. et al. 'Speech-like rhythm in a voiced and voiceless orangutan call', *PLoS One* 10.1, 2015, https://doi.org/10.1371/journal.pone. 0116136.

48 Murayama, Tsukasa et al. 'Preliminary study of object labeling using sound production in a beluga', *International Journal of Comparative Psychology* 25.3, 2012, pp. 195–207.

49 Slobodchikoff, Con. *Chasing Doctor Dolittle: Learning the Language of Animals*, Macmillan, 2012.

제2장 살아 있는 세계에서의 대화

1 프레리도그의 언어에 관해서 더 자세히 알고 싶다면 다음을 보라. Slobodchikoff, Constantine Nicholas, Perla, Bianca S. and Verdolin, Jennifer L., *Prairie Dogs: Communication and Community in an Animal Society*, Harvard University Press, 2009.

2 미국박새와 닭의 언어에 관한 더 자세한 정보는 다음을 보라. Slobodchikoff, Con, *Chasing Doctor Dolittle: Learning the Language of Animals*, Macmillan, 2012.

3 Seyfarth, Robert M., Cheney, Dorothy L. and Marler, Peter. 'Vervet monkey alarm calls: semantic communication in a free-ranging primate', *Animal Behaviour* 28.4, 1980, pp. 1070–94.

4 Zuberbühler, Klaus. 'A syntactic rule in forest monkey communication', *Animal Behaviour* 63.2, 2002, pp. 293–9.

5 Flower, Tom. 'Fork-tailed drongos use deceptive mimicked alarm calls to steal food', *Proceedings of the Royal Society of London B: Biological Sciences* 278.1711, 2011, pp. 1548–55.

6 Breure, Abraham S. H. 'The sound of a snail: two cases of acoustic defence in gastropods', *Journal of Molluscan Studies* 81.2, 2015, pp. 290–3.

7 Boch, R. and Rothenbuhler, Walter C. 'Defensive behaviour and production of alarm pheromone in honeybees', *Journal of Apicultural Research* 13.4, 1974, pp. 217–21.

8 Vander Meer, Robert K. et al. *Pheromone Communication in Social Insects: Ants, Wasps, Bees and Termites*, Westview Press, 1998.

9 De Bruijn, P. J. A. *Context-Dependent Chemical Communication, Alarm Pheromones of Thrips Larvae*, PhD thesis, University of Amsterdam, 2015.

10 Gibson Hill, C. A. 'Display and posturing in the cape gannet, Morus capensis', *Ibis* 90.4, 1948, pp. 568–72.

11 Fry, C. Hilary and Fry, Kathie. *Kingfishers, Bee-eaters and Rollers*, A&C Black, 2010.

12 Clayton, Nicola S., Dally, Joanna M. and Emery, Nathan J. 'Social cognition by food-caching corvids: the western scrub-jay as a natural psychologist', *Philosophical Trans-actions of the Royal Society of London B: Biological Sciences* 362.1480, 2007, pp. 507–22.

13 개의 의사소통과 인지에 관한 더 자세한 정보는 다음을 보라. Hare, Brian and Woods, Vanessa, *The Genius of Dogs: Discovering the Unique Intelligence of Man's Best Friend*, Oneworld Publications, 2013.

14 Slobodchikoff, Con. *Chasing Doctor Dolittle*, op. cit.

15 Smuts, Barbara B. and Watanabe, John M. 'Social relationships and ritualized greetings in adult male baboons (Papio cynocephalus

anubis)', *International Journal of Primatology* 11.2, 1990, pp. 147–72.

16 Smuts, Barbara. 'Gestural communication in olive baboons and domestic dogs' in Bekoff, Marc, Allen, Colin and Burghardt, Gordon M. (eds), *The Cognitive Animal: Empirical and Theoretical Perspectives on Animal Cognition*, MIT Press, 2002, pp. 301–6.

17 Allen, Colin and Bekoff, Marc. *Species of Mind: The Philosophy and Biology of Cognitive Ethology*, MIT Press, 1999.

18 Barton, Robert A. 'Animal communication: do dolphins have names?', *Current Biology* 16.15, 2006, https://doi.org/10.1016/j.cub.2006.07.002.

19 Burger, Joanna. *The Parrot Who Owns Me: The Story of a Relationship*, Villard, 2001.

20 Newman, John D. 'Squirrel monkey communication' in *Handbook of Squirrel Monkey Research*, Springer US, 1985, pp. 99–126.

21 Smith, Richard L. 'Acoustic signatures of birds, bats, bells, and bearings', Annual Vibration Institute Meeting, Dearborn, MI, 1998.

22 Burgener, Nicole et al. 'Do spotted hyena scent marks code for clan membership?', *Chemical Signals in Vertebrates* 11, 2008, pp. 169–77.

23 Bekoff, Marc. 'Observations of scent-marking and discriminating self from others by a domestic dog (Canis familiaris): tales of displaced yellow snow', *Behavioural Processes* 55.2, 2001, pp. 75–9.

24 Slobodchikoff, Con. *Chasing Doctor Dolittle*, op. cit.

25 Corson, Trevor. *The Secret Life of Lobsters: How Fishermen and Scientists Are Unraveling the Mysteries of Our Favorite Crustacean*, HarperCollins, 2004.

26 Scott, Mitchell L. et al. 'Chemosensory discrimination of social cues mediates space use in snakes, Cryptophis nigrescens (Elapidae)',

*Animal Behaviour* 85.6, 2013, pp. 1493–1500.
27 Miller, Ashadee Kay et al. 'An ambusher's arsenal: chemical crypsis in the puff adder (Bitis arietans)', *Proceedings of the Royal Society of London B*. 282.1821, 2015, https://doi.org/10.1098/rspb.2015.2182.
28 Young, Bruce A., Mathevon, Nicolas and Tang, Yezhong. 'Reptile auditory neuroethology: what do reptiles do with their hearing?', *Insights from Comparative Hearing Research*, 2014, pp. 323–46.
29 Palacios, V. et al. 'Recognition of familiarity on the basis of howls: a playback experiment in a captive group of wolves', *Behaviour* 152.5, 2015, pp. 593–614.
30 Hansen, Sara J. K. et al. 'Pairing call response surveys and distance sampling for a mammalian carnivore', *Journal of Wildlife Management* 79.4, 2015, pp. 662–71.
31 Déaux, Éloïse C. and Clarke, Jennifer A. 'Dingo (Canis lupus dingo) acoustic repertoire: form and contexts', *Behaviour* 150.1, 2013, pp. 75–101.
32 Salinas-Melgoza, Alejandro and Wright, Timothy F. 'Evidence for vocal learning and limited dispersal as dual mechanisms for dialect maintenance in a parrot', *PLoS One*, 2012, https://doi.org/10.1371/journal.pone.0048667.
33 Slobodchikoff, Con. *Chasing Doctor Dolittle*, op. cit.
34 Aplin, Lucy M. et al. 'Experimentally induced innovations lead to persistent culture via conformity in wild birds', *Nature* 518.7540, 2015, pp. 538–41.
35 Plotnik, Joshua M., Waal, Frans B. M. de and Reiss, Diana. 'Self-recognition in an Asian elephant', *Proceedings of the National Academy of Sciences* 103.45, 2006, https://doi.org/10.1073/pnas.0608062103.
36 Shillito, Daniel J., Gallup, Gordon G. and Beck, Benjamin. 'Factors

affecting mirror behaviour in western lowland gorillas, Gorilla gorilla', *Animal Behaviour* 57.5, 1999, pp. 999–1004.

37 Swartz, K. B. and Evans, S. 'Social and cognitive factors in chimpanzee and gorilla mirror behaviour and self-recognition' in Parker, S. T., Mitchell, R. W. and Boccia, M. L. (eds), *Self-awareness in Animals and Humans: Developmental Perspectives*, Cambridge University Press, 1994, pp. 189–206.

38 Broesch, T. et al. 'Cultural variations in children's mirror self-recognition', *Journal of Cross-Cultural Psychology* 42.6, 2011, pp. 1018–29.

39 Bekoff, Marc. 'Observations of scent-marking', op. cit.

40 Bruckstein, Alfred M. 'Why the ant trails look so straight and nice', *Mathematical Intelligencer* 15.2, 1993, pp. 59–62.

41 Jarau, Stefan. 'Chemical communication during food exploitation in stingless bees' in Jarau, Stefan and Hrncir, Michael (eds), *Food Exploitation by Social Insects: Ecological, Behavioral, and Theoretical Approaches*, CRC Press, 2009, pp. 223–49.

42 Wilkinson, Gerald S. 'Reciprocal food sharing in the vampire bat', *Nature* 308.5955, 1984, pp. 181–4.

43 Kunz, T. H. et al. 'Allomaternal care: helper-assisted birth in the Rodrigues fruit bat, Pteropus rodricensis(Chiroptera: Pteropodidae)', *Journal of Zoology* 232.4, 1994, pp. 691–700.

44 Normand, Emmanuelle, Dagui Ban, Simone and Boesch, Christophe. 'Forest chimpanzees (Pan troglodytes verus) remember the location of numerous fruit trees', *Animal Cognition* 12.6, 2009, pp. 797–807.

45 Lührs, Mia-Lana et al. 'Spatial memory in the grey mouse lemur (Microcebus murinus)', *Animal Cognition* 12.4, 2009, pp. 599–609.

46 Shettleworth, Sara J. 'Spatial memory in food-storing birds', *Philosophical Transactions of the Royal Society B: Biological Sciences* 329.1253,

1990, pp. 143–51.
47 Dally, Joanna M., Emery, Nathan J. and Clayton, Nicola S. 'Food-caching western scrub-jays keep track of who was watching when', *Science* 312.5780, 2006, pp. 1662–5.
48 Peterson, Dale. *The Moral Lives of Animals*, Bloomsbury Publishing USA, 2012.
49 Borgia, Gerald. 'Complex male display and female choice in the spotted bowerbird: specialized functions for different bower decorations', *Animal Behaviour* 49.5, 1995, pp. 1291–1301.
50 Pickering, S. P. C. and Berrow, S. D. 'Courtship behaviour of the wandering albatross Diomedea exulans at Bird Island, South Georgia', *Marine Ornithology* 29.1, 2001, pp. 29–37.
51 Moynihan, Martin and Rodaniche, Arcadio F. 'The Behavior and Natural History of the Caribbean Reef Squid (Sepioteuthis sepioidea)', *Animal Behaviour* 31.3, 1983, https://doi.org/10.1016/S0003-3472(83)80263-2.
52 Siebeck, Ulrike E. 'Communication in coral reef fish: the role of ultraviolet colour patterns in damselfish territorial behaviour', *Animal Behaviour* 68.2, 2004, pp. 273–82.
53 Dixson, Danielle L., Abrego, David and Hay, Mark E. 'Chemically mediated behavior of recruiting corals and fishes: a tipping point that may limit reef recovery', *Science* 345.6199, 2014, pp. 892–7.
54 Marshall, Justin. 'Why are animals colourful? Sex and violence, seeing and signals', Colour: *Design & Creativity* 5, 2010, pp. 1–8.
55 Ghazali, Shahriman Mohd. Fish *Vocalisation: Under-standing Its Biological Role from Temporal and Spatial Characteristics*, Diss, ResearchSpace, Auckland, 2011.
56 Amorim, Maria Clara C. F. Pessoa de. Acoustic *Communication in Triglids and Other Fishes*, Diss., University of Aberdeen, 1996.

57 Rowe, S. and Hutchings, Jeffrey Alexander. 'A link between sound producing musculature and mating success in Atlantic cod', *Journal of Fish Biology* 72.3, 2008, pp. 500–11.

58 Radford, Craig A. et al. 'Vocalisations of the bigeye Pempheris adspersa: characteristics, source level and active space', *Journal of Experimental Biology* 218.6, 2015, pp. 940–8.

59 Murai, Minoru, Goshima, Seiji and Henmi, Yasuhisa. 'Analysis of the mating system of the fiddler crab, Uca lactea', *Animal Behaviour* 35.5, 1987, pp. 1334–42.

60 Martinez, Francisco and Durham, Bill. 'Advantages of Reproductive Synchronization in the Caribbean Flamingo', https://socobilldurham.stanford.edu/sites/default/files/soco_-_advantages_of_reproductive_synchronization_in_the_caribbean_flamingo.pdf

61 DuVal, Emily H. 'Adaptive advantages of cooperative courtship for subordinate male lance-tailed manakins', *American Naturalist* 169.4, 2007, pp. 423–32.

62 Martin-Wintle, Meghan S. et al. 'Free mate choice enhances conservation breeding in the endangered giant panda', *Nature Communications* 6, 2015, https://doi.org/10.1038/ncomms10125.

63 http://www.bbc.com/news/blogs-news-from-elsewhere-34733258

64 Foelix, Rainer. *Biology of Spiders*, Oxford University Press, 2010.

65 Hebets, Eileen A., Stratton, Gail E. and Miller, Gary L. 'Habitat and courtship behavior of the wolf spider Schizocosa retrorsa (Banks) (Araneae, Lycosidae)', *Journal of Arachnology*, 1996, pp. 141–7.

66 이 모든 사례들에 대해서는 다음을 보라. Slobodchikoff, Con., Chasing Doctor Dolittle, op. cit., Chapter 7.

67 Darwin, Charles, Ekman, Paul and Prodger, Philip. *The Expression of the Emotions in Man and Animals*, Oxford University Press, USA, 1998.

68 Reby, David and McComb, Karen. 'Vocal communication and reproduction in deer', *Advances in the Study of Behavior* 33, 2003, pp. 231–64.

69 Reby, David et al. 'Red deer stags use formants as assessment cues during intrasexual agonistic interactions', *Proceedings of the Royal Society of London B: Biological Sciences* 272.1566, 2005, pp. 941–7.

70 Compton, L. A. et al. 'Acoustic characteristics of white-nosed coati vocalizations: a test of motivation-structural rules', *Journal of Mammalogy* 82.4, 2001, pp. 1054–8.

71 See Slobodchikoff, Con, *Chasing Doctor Dolittle*, op. cit., Chapter 2.

72 Enard, Wolfgang et al. 'Molecular evolution of FOXP2, a gene involved in speech and language', *Nature* 418.6900, 2002, pp. 869–72.

73 Emery, Nathan J. and Clayton, Nicola S. 'Comparing the complex cognition of birds and primates', *Comparative Vertebrate Cognition*, 2004, pp. 3–55.

74 Bekoff, Marc. *Minding Animals: Awareness, Emotions, and Heart*, Oxford University Press, 2002.

75 Hockett, Charles F. 'A system of descriptive phonology', *Language* 18.1, 1942, pp. 3–21.

76 Gentner, Timothy Q. et al. 'Recursive syntactic pattern learning by songbirds', *Nature* 440.7088, 2006, pp. 1204–7.

제3장 동물과 함께 살아가기

1 Pilley, John W. and Reid, Alliston K. 'Border collie comprehends object names as verbal referents', *Behavioural Processes* 86.2, 2011, pp. 184–95.

2 Pilley, John W. 'Border collie comprehends sentences containing a prepositional object, verb, and direct object', *Learning and*

*Motivation* 44.4, 2013, pp. 229–40.

3 Kaminski, Juliane, Call, Josep and Fischer, Julia. 'Word learning in a domestic dog: evidence for fast mapping', *Science* 304.5677, 2004, pp. 1682–3.

4 개의 연구에 대한 모든 사례들에 대해서는 다음을 보라. Hare, Brian and Woods, Vanessa, The Genius of Dogs: *Discovering the Unique Intelligence of Man's Best Friend*, Oneworld Publications, 2013.

5 Miller, Suzanne C. et al. 'An examination of changes in oxytocin levels in men and women before and after interaction with a bonded dog', *Anthrozoös* 22.1, 2009, pp. 31–42.

6 Hearne, Vicki. *Adam's Task: Calling Animals by Name*, Skyhorse Publishing Inc., 1986.

7 Heidegger, Martin. *Zijn en tijd*, transl. Wildschut, Mark, Uitgeverij Boom, 1998.

8 Von Uexküll, Jakob. *Umwelt und Innenwelt der Tiere*, Springer-Verlag, 2014.

9 King, Barbara J. 'When animals mourn', *Scientific American* 309.1, 2013, pp. 62–7.

10 가축화 이론에 관해서는 다음을 보라. Donaldson, Sue and Kymlicka, Will, *Zoopolis: A Political Theory of Animal Rights*, Oxford University Press, 2011.

가축화와 유형성숙에 관한 자세한 내용은 다음을 보라. Haraway, Donna Jeanne, *The Companion Species Manifesto: Dogs, People, and Significant Otherness*, Vol. 1, Chicago: Prickly Paradigm Press, 2003.

11 Donaldson, Sue and Kymlicka, Will, *Zoopolis*, op. cit.

12 Haraway, Donna Jeanne, *The Companion Species Manifesto*, op. cit.

13 Howard, Len. *Birds as Individuals*, Doubleday, 1953; Howard, Len. *Living with Birds*, Collins, 1956.

14 Lorenz, Konrad and Kerr, Marjorie. *King Solomon's Ring: New Light on Animal Ways*, Psychology Press, 2002.

15 Lorenz, Konrad, Martys, Michael and Tipler, Angelika. *Here Am I – Where Are You?: The Behavior of the Greylag Goose*, Collins, 1992.

16 Turner, Dennis C. *The Domestic Cat: The Biology of Its Behaviour*, Cambridge University Press, 2000.

17 Alger, Janet M. and Alger, Steven F. *Cat Culture: The Social World of a Cat Shelter*, Temple University Press, 2003.

18 Alger, Janet M. and Alger, Steven F. 'Beyond mead: symbolic interaction between humans and felines', *Society & Animals* 5.1, 1997, pp. 65–81.

19 위의 책.

20 이해를 위해서 BBC 다큐멘터리 「고양이의 은밀한 사생활(The Secret Life of the Cat)」(2013)을 보라. http://www.bbc.com/news/science-environment-22821639

21 Smith, Julie Ann. 'Beyond dominance and affection: living with rabbits in post-humanist households', *Society & Animals* 11.2, 2003, pp. 181–97.

22 Thomas, Elizabeth Marshall. *The Hidden Life of Dogs*, Houghton Mifflin Harcourt, 2010.

23 Kerasote, Ted. *Merle's Door*, Houghton Mifflin Harcourt, 2008.

24 Van Neer, Wim et al. 'Traumatism in the wild animals kept and offered at predynastic Hierakonpolis, Upper Egypt', *International Journal of Osteoarchaeology*, 2015.

25 Perry-Gal, Lee et al. 'Earliest economic exploitation of chicken outside East Asia: evidence from the Hellenistic Southern Levant', *Proceedings of the National Academy of Sciences* 112.32, 2015, pp. 9849–54.

26 Marino, Lori and Colvin, Christina M. 'Thinking Pigs: A Comparative Review of Cognition, Emotion, and Personality in Sus domesticus', *International Journal of Comparative Psychology* 28, 2015, https://escholarship.org/uc/item/8sx4s79c.

27 Smith, Carolynn L. and Johnson, Jane. 'The Chicken Challenge: what contemporary studies of fowl mean for science and ethics', *Between the Species* 15.1, 2012, pp. 75–102.

28 Rogers, Lesley J. *The Development of Brain and Behaviour in the Chicken*, CAB International, 1995.

29 Davis, Karen. 'The social life of chickens' in *Experiencing Animal Minds: An Anthology of Animal-Human Encounters*, ed. Smith, Julie A. and Mitchell, Robert W., Columbia University Press, 2012.

30 Rogers, Lesley J. *The Development of Brain and Behaviour in the Chicken*, Wallingford, Oxfordshire, 1995, p. 48; Smith, Colin. 'Bird brain? Birds and humans have similar brain wiring', *Science Daily*, 2013, https://www.sciencedaily.com/releases/2013/07/130717095336.htm.

31 Despret, Vinciane. 'Sheep do have opinions' in Latour, B. and Weibel, P. (eds), *Making Things Public. Atmospheres of Democracy*, MIT Press, 2006, pp. 360–70.

32 Proctor, H. S. 'Measuring positive emotions in dairy cows using ear postures', http://www.researchgate.net/profile/Helen_Proctor/publication/268743762_Do_ear_postures_indicate_positive_emotional_state_in_dairy_ cows/links/5475f3720cf29afed612ec7b.pdf.

33 Wathan, Jennifer and McComb, Karen. 'The eyes and ears are visual indicators of attention in domestic horses', *Current Biology* 24.15, 2014, https://doi.org/10.1016/j.cub.2014.06.023.

34 Hribal, Jason. '"Animals are part of the working class": a challenge to labor history', *Labor History* 44.4, 2003, pp. 435–53.

35 Hribal, Jason. *Fear of the Animal Planet: The Hidden History of Animal Resistance*, AK Press, 2010.

36 Hribal, Jason. 'Animals, agency, and class: writing the history of animals from below', *Human Ecology Review* 14.1, 2007, pp. 101–12.

37 Wadiwel, Dinesh. 'Do fish resist?', Human Rights and Animal Ethics Research Network, University of Melbourne, 8 December 2014.

38 틸리컴과 시월드에 관한 정보를 더 얻고 싶다면 다큐멘터리 「블랙피쉬(Blackfish)」를 보라.

39 Irvine, Leslie. 'The power of play', *Anthrozoös* 14.3, 2001, pp. 151–60.

40 Montaigne, Michel de. *De essays*, Singel Uitgeverijen, 2014.

제4장 몸으로 생각하기

1 Despret, Vinciane. 'The body we care for: figures of anthropo-zoo-genesis', *Body & Society* 10.2–3, 2004, p. 111–34.

2 Skinner, B. F. *About Behaviorism*, Vintage, 2011.

3 Chomsky, Noam. *Syntactic Structures*, Walter de Gruyter, 2002.

4 Smuts, Barbara. 'Encounters with animal minds', *Journal of Consciousness Studies* 8.5–7, 2001, pp. 293–309.

5 Candea, Matei. '"I fell in love with Carlos the meerkat": Engagement and detachment in human–animal relations', *American Ethnologist* 37.2, 2010, pp. 241–58.

6 Despret, Vinciane. 'The becomings of subjectivity in animal worlds', *Subjectivity* 23.1, 2008, pp. 123–39.

7 Goodall, Jane. *The Chimpanzees of Gombe: Patterns of Behavior*, Belknap Press of Harvard University Press, 1986.

8 See, for example, Heinrich, Bernd, *Mind of the Raven: Investigations and Adventures with Wolf-birds*, Cliff Street Books, 1999, for love among ravens; and Würsig, Bernd, 'Leviathan love', *The Smile of a Dolphin: Remarkable Accounts of Animal Emotions*, Random

House/Discovery Books, 2000, pp. 62–5, for whale love.

9 Merleau-Ponty, Maurice. *Fenomenologie van de waarneming*, transl. Tiemersma, Douwe and Vlasblom, Rens, Uitgeverij Boom, 2009.

10 Heidegger, Martin. *Zijn en tijd, transl.* Wildschut, Mark, Uitgeverij Boom, 1998.

11 Wittgenstein, Ludwig. *Filosofische onderzoekingen*, Uitgeverij Boom, 2006.

12 Hearne, Vicki. *Animal Happiness*, Perennial, 1995.

13 Martelaere, P. de. *Het dubieuze denken*, Kok/Agora, Kampen, 1996.

14 Descartes, René. *Meditaties*, Uitgeverij Boom, 1989.

15 Smith, J. David et al. 'Executive-attentional uncertainty responses by rhesus macaques (Macaca mulatta)', *Journal of Experimental Psychology: General* 142.2, 2013, p. 458.

16 Nagel, Thomas. 'What is it like to be a bat?', *Philosophical Review* 83.4, 1974, pp. 435–50.

17 Derrida, Jacques, and Mallet, Marie-Louise. *The Animal That Therefore I Am*, Fordham University Press, 2008.

18 Smuts, Barbara. 'Encounters with animal minds', op. cit.

제5장 구조, 문법, 해독

1 Mather, Jennifer A. 'Cephalopod consciousness: behavioural evidence', *Consciousness and Cognition* 17.1, 2008, pp. 37–48.

2 Finn, Julian K., Tregenza, Tom and Norman, Mark D. 'Defensive tool use in a coconut-carrying octopus', *Current Biology* 19.23, 2009, https://doi. org/10.1016/j.cub.2009.10.052.

3 Moynihan, Martin and Rodaniche, Arcadio F. 'The behavior and natural history of the Caribbean Reef Squid Sepioteuthis sepioidea with a consideration of social, signal, and defensive patterns for difficult and dangerous environments', *Fortschritte der Verhaltensforschung*,

1982.

4 Slobodchikoff, Con. *Chasing Doctor Dolittle: Learning the Language of Animals*, Macmillan, 2012.

5 De Saussure, Ferdinand. *Cours de Linguistique Générale: Edition Critique*, Vol. 1, Otto Harrassowitz Verlag, 1989.

6 See Slobodchikoff, Con, Chasing Doctor *Dolittle*, op. cit., Chapter 3. 물론 촘스키는 이에 동의하지 않는다. 그는 언어가 인간에게서만 나타나며, 기본적으로 의사소통을 위한 것이 아니라 세계를 더 잘 이해하기 위한 것이라고 믿기 때문이다.

7 Gentner, Timothy Q. et al. 'Recursive syntactic pattern learning by songbirds', *Nature* 440.7088, 2006, pp. 1204–7.

8 Corballis, Michael C. 'Recursion, language, and starlings', *Cognitive Science* 31.4, 2007, pp. 697–704.

9 See Slobodchikoff, Con, *Chasing Doctor Dolittle,* op. cit., pp. 197–8, 225–6.

10 Hailman, Jack P. and Ficken, Millicent S. 'Combinatorial animal communication with computable syntax: chick-a-dee calling qualifies as "language" by structural linguistics', *Animal Behaviour* 34.6, 1986, pp. 1899–1901. Also see Slobodchikoff, Con, *Chasing Doctor Dolittle*, op. cit.

11 Freeberg, Todd M., and Lucas, Jeffrey R. 'Receivers respond differently to chick-a-dee calls varying in note composition in Carolina chickadees, Poecile carolinensis', *Animal Behaviour* 63.5, 2002, pp. 837–45.

12 See Slobodchikoff, Con, *Chasing Doctor Dolittle*, op. cit., pp. 162–3.

13 Seeley, Thomas D. *Honeybee Democracy*, Princeton University Press, 2010.

14 Woo, Kevin L. and Rieucau, Guillaume. 'Aggressive signal design in the Jacky dragon (Amphibolurus muricatus): display duration affects efficiency', *Ethology* 118.2, 2012, pp. 157–68.

15 De Sá, Fábio P. et al. 'A new species of hylodes (Anura, Hylodidae) and its secretive underwater breeding behavior', *Herpetologica* 71.1, 2015, pp. 58–71.

16 Mercado III, Eduardo and Handel, Stephan. 'Understanding the structure of humpback whale songs (L)', *Journal of the Acoustical Society of America* 132.5, 2012, pp. 2947–50.

17 Suzuki, Ryuji, Buck, John R. and Tyack, Peter L. 'Information entropy of humpback whale songs', *Journal of the Acoustical Society of America* 119.3, 2006, pp. 1849–66.

18 Payne, Katharine, Tyack, Peter and Payne, Roger. 'Progressive changes in the songs of humpback whales (Megaptera novaeangliae): a detailed analysis of two seasons in Hawaii', *Communication and Behavior of Whales* 10, 1987, pp. 9–57.

19 Stafford, Kathleen M. et al. 'Spitsbergen's endangered bowhead whales sing through the polar night', *Endangered Species Research* 18.2, 2012, pp. 95–103.

20 Trainer, Jill M. 'Cultural evolution in song dialects of yellow-rumped caciques in Panama', *Ethology* 80.1–4, 1989, pp. 190–204.

21 Payne, Robert B. 'Behavioral continuity and change in local song populations of village indigobirds Vidua chalybeate', *Zeitschrift für Tierpsychologie* 70.1, 1985, pp. 1–44.

22 Bohn, Kirsten M. et al. 'Versatility and stereotypy of free-tailed bat songs', *PLoS One* 4.8, 2009, https://doi.org/10.1371/journal.pone0006746.

23 Arriaga, Gustavo, Zhou, Eric P. and Jarive, Erich D. 'Of mice, birds, and men: the mouse ultrasonic song system has some features similar to humans and song-learning birds', *PLoS One* 7.10, 2012, https://doi.org/10. 1371/journal.pone.0046610.

24 Briggs, Jessica R. and Kalcounis-Rueppell, Matina C. 'Similar

acoustic structure and behavioural context of vocalizations produced by male and female California mice in the wild', *Animal Behaviour* 82.6, 2011, pp. 1263–73.

25 Slobodchikoff, Con. *Chasing Doctor Dolittle*, op. cit., p. 166.

26 Neunuebel, Joshua P. et al. 'Female mice ultrasonically interact with males during courtship displays', *eLife* 4, 2015, https://doi.org/10.7554/eLife.06203.

27 Haraway, Donna Jeanne. *Primate Visions: Gender, Race, and Nature in the World of Modern Science*, Psychology Press, 1989.

28 Cooley, John R. and Marshall, David C. 'Sexual signaling in periodical cicadas, Magicicada spp. (Hemiptera: Cicadidae)', *Behaviour* 138.7, 2001, pp. 827–55.

29 Spangler, Hayward G. 'Moth hearing, defense, and communication', *Annual Review of Entomology* 33.1, 1988, pp. 59–81.

30 Von Helversen, Dagmar and Von Helversen, Otto. 'Recognition of sex in the acoustic communication of the grasshopper Chorthippus biguttulus (Orthoptera, Acrididae)', *Journal of Comparative Physiology* A180.4, 1997, pp. 373–86.

31 Huber, Franz and Thorson, John. 'Cricket auditory communication', *Scientific American* 253.6, 1985, pp. 47–54.

32 Gibson, Gabriella and Russell, Ian. 'Flying in tune: sexual recognition in mosquitoes', *Current Biology* 16.13, 2006, pp. 1311–16.

33 Kajiura, Stephen M. and Holland, Kim N. 'Electroreception in juvenile scalloped hammerhead and sandbar sharks', *Journal of Experimental Biology* 205.23, 2002, pp. 3609–21.

34 Wittgenstein, Ludwig. *Lectures and Conversations on Aesthetics, Psychology, and Religious Belief*, transl. Barrett, Cyril, University of California Press, 2007. 27.

제6장 메타 의사소통

1 Bekoff, Marc. 'Social play in coyotes, wolves, and dogs', *Bioscience* 24.4, 1974, pp. 225–30.

2 Bauer, Erika B. and Smuts, Barbara B. 'Cooperation and competition during dyadic play in domestic dogs, Canis familiaris', *Animal Behaviour* 73.3, 2007, pp. 489–99.

3 Burghardt, Gordon M. The Genesis of Animal Play: *Testing the Limits*, MIT Press, 2005.

4 Massumi, Brian. *What Animals Teach Us about Politics*, Duke University Press, 2014.

5 Darwin, Charles. *The Formation of Vegetable Mould, through the Action of Worms, with Observations on their Habits*, John Murray, 1892.

6 Bekoff, Marc and Pierce, Jessica. *Wild Justice: The Moral Lives of Animals*, University of Chicago Press, 2009.

7 자세한 내용은 다음을 보라. Donaldson, Sue and Kymlicka, Will, 'Unruly beasts: animal citizens and the threat of tyranny', *Canadian Journal of Political Science* 47.01, 2014, pp. 23–45, for a discussion.

8 위의 책.

9 다음도 참조하라. Krause, Sharon R., 'Bodies in action: Corporeal agency and democratic politics', *Political Theory* 39.3, 2011, pp. 299–324.

10 자세한 내용과 다른 사례들은 다음을 참고하라. Bekoff, Marc and Pierce, Jessica, *Wild Justice*, op. cit., for a discussion of this and other examples.

11 위의 책.

12 Preston, Stephanie D. and Waal, Frans B. M. de. 'The communication of emotions and the possibility of empathy in animals' in Post, Stephen G., Underwood, Lynn G., Schloss, Jeffrey P. and Hurlbut,

William B. (eds), *Altruism and Altruistic Love*, Oxford University Press, 2002, pp. 284–308.

13 Bekoff, Marc. 'Animal emotions, wild justice and why they matter: grieving magpies, a pissy baboon, and empathic elephants', *Emotion, Space and Society* 2.2, 2009, pp. 82–5.

14 위의 책.

15 위의 책.

16 Plotnik, Joshua M. and Waal, Frans B. M. de. 'Asian elephants (Elephas maximus) reassure others in distress', *PeerJ* 2, 2014, https://doi.org/10.7717/peerj.278.

17 Peterson, Dale. *The Moral Lives of Animals*, Bloomsbury Publishing USA, 2012.

18 Park, Kyum J. et al. 'An unusual case of care-giving behavior in wild long-beaked common dolphins (Delphinus capensis) in the East Sea', *Marine Mammal Science* 29.4, 2013, https://doi.org/10.1111/mms.12012.

19 이 분야에 대한 과학적 연구는 없지만, 다음과 같은 온라인 사이트에서 일화들을 볼 수 있다. http://www.dolphinsworld.com/dolphins-rescuing-humans/

20 See Bekoff, Marc and Pierce, Jessica, *Wild Justice*, op. cit., and Donaldson, Sue and Kymlicka, Will, *Zoopolis: A Political Theory of Animal Rights*, Oxford University Press, 2011.

21 See Bekoff, Marc and Pierce, Jessica, *Wild Justice*, op. cit.

22 Bshary, Redouan et al. 'Interspecific communicative and coordinated hunting between groupers and giant moray eels in the Red Sea', *PLoS Biol* 4.12, 2006, https://doi.org/10.1371/journal.pbio.0040431.

23 Hart, Lynette A. and Hart, Benjamin L. 'Autogrooming and Social Grooming in Impala', *Annals of the New York Academy of Sciences* 525.1, 1988, pp. 399–402.

24 Milius, Susan. 'Will groom Mom for baby cuddles', *Science News* 178. 12, 2010, http://dx.doi.org/10.2307/29548936.

25 Warneken, Felix et al. 'Spontaneous altruism by chimpanzees and young children', *PLoS Biol* 5.7, 2007, https://doi.org/10.1371/journal.pbio.0050 184.

26 Warneken, Felix and Tomasello, Michael. 'Varieties of altruism in children and chimpanzees', *Trends in Cognitive Sciences* 13.9, 2009, pp. 397–402.

27 Bartal, Inbal Ben-Ami et al. 'Pro-social behavior in rats is modulated by social experience', *eLife* 3, 2014, https://doi.org/10.7554/eLife.01385.

28 Grinnell, Jon, Packer, Craig and Pusey, Anne E. 'Cooperation in male lions: kinship, reciprocity or mutualism?', *Animal Behaviour* 49.1, 1995, pp. 95–105.

29 DeAngelo, M. J., Kish, V. M. and Kolmes, S. A. 'Altruism, selfishness, and heterocytosis in cellular slime molds', *Ethology Ecology & Evolution* 2.4, 1990, pp. 439–43.

30 Broly, Pierre and Deneubourg, Jean-Louis. 'Behavioural contagion explains group cohesion in a social crustacean', *PLoS Comput Biol* 11.6, 2015, https://doi.org/10.1371/journal.pcbi.1004290.

31 Bekoff, Marc and Goodall, Jane. *The Emotional Lives of Animals: A Leading Scientist Explores Animal Joy, Sorrow, and Empathy – and Why They Matter*, New World Library, 2008.

32 Kumlien, Ludwig. 'Reason or Instinct?', *Auk* 5.4, 1888, pp. 434–5. Kumlien discusses many examples of birds helping one another.

33 자세한 내용은 다음을 보라. Bekoff, Marc and Pierce, Jessica, *Wild Justice*, op. cit.,

34 위의 책.

35 Bekoff, Marc. *Minding Animals: Awareness, Emotions, and Heart*,

Oxford University Press, 2002.

36 Bateson, Melissa et al. 'Agitated honeybees exhibit pessimistic cognitive biases', *Current Biology* 21.12, 2011, pp. 1070–3.

37 Dao, James. 'After duty, dogs suffer like soldiers', *New York Times*, 1 December 2011.

38 Bradshaw, G. A. *Elephant Trauma and Recovery: From Human Violence to Liberation Ecopsychology*, ProQuest, 2005.

39 긴 목으로 공기를 밀어올려서 소리를 만들려면 너무 많은 에너지가 들기 때문에, 오랫동안 기린은 아무 소리도 내지 않는다고 여겨졌다. 그러나 최근 들어서 연구자들은 기린이 밤에 윙윙거리는 소리를 낸다는 사실을 알아냈다. 이에 관해서는 다음을 보라. Baotic, Anton, Sicks, Florian and Stoeger, Angela S. 'Nocturnal "humming" vocalizations: adding a piece to the puzzle of giraffe vocal communication', *BMC Research Notes* 8.425, 2015, https://doi.org/10.1186/s13104-015-1394-3.

40 동물들 사이의 애도에 관한 정보와 이야기는 다음을 보라. King, Barbara J., *How Animals Grieve*, University of Chicago Press, 2013,

41 다음 사례를 보라. Willett, Cynthia, 'Water and wing give wonder: trans-species cosmopolitanism', *PhaenEx* 8.2, 2013, pp. 185–208, and Schaefer, Donovan O., 'Do animals have religion? Interdisciplinary perspectives on religion and embodiment', *Anthrozoös* 25, sup1, 2012, https://doi. org/10. 2752/175303712X13353430377291.

42 Smuts, Barbara. 'Encounters with animal minds', Journal of Consciousness Studies 8.5–7, 2001, pp. 293–309.

43 Goodall, Jane. 'Primate spirituality' in Taylor, Bron (ed.), Encyclopedia of Religion and Nature, Continuum, 2005, pp. 1303–6.

44 http://www.onbeing.org/program/katy-payne-in-the-presence-of-elephants-and-whales/transcript/7821

45 Darwin, Charles. *The Descent of Man, and Selection in Relation*

*to Sex*, John Murray, 1871.

46 Marino, Lori. 'Brain structure and intelligence in cetaceans' in Brakes, Philippa, and Simmonds, Mark Peter (eds), *Whales and Dolphins: Cognition, Culture, Conservation and Human Perceptions, Routledge*, 2011, pp. 115–28.

47 Proctor, Darby et al. 'Chimpanzees play the ultimatum game', *Proceedings of the National Academy of Sciences* 110.6, 2013, pp. 2070–5.

48 Range, Friederike, Leitner, Karin and Virányi, Zsófia. 'The influence of the relationship and motivation on inequity aversion in dogs', *Social Justice Research* 25.2, 2012, pp. 170–94.

49 Chijiiwa, Hitomi et al. 'Dogs avoid people who behave negatively to their owner: third-party affective evaluation', *Animal Behaviour* 106, 2015, pp. 123–7.

## 제7장 우리가 동물과 이야기를 해야 하는 이유

1 Donaldson, Sue and Kymlicka, Will. *Zoopolis: A Political Theory of Animal Rights*, Oxford University Press, 2011.

2 Derrida, Jacques and Mallet, Marie-Louise. *The Animal That Therefore I Am*, Fordham University Press, 2008.

3 Wolfe, Cary. *Animal Rites: American Culture, the Discourse of Species, and Posthumanist Theory*, University of Chicago Press, 2003.

4 Hobson, Kersty. 'Political animals? On animals as subjects in an enlarged political geography', *Political Geography* 26.3, 2007, pp. 250–67.

5 Seeley, Thomas D. *Honeybee Democracy*, Princeton University Press, 2010.

6 Conradt, Larissa and Roper, Timothy J. 'Group decision-making in

animals', *Nature* 421.6919, 2003, pp. 155–8.
7 위의 책.
8 Bellaachia, Abdelghani and Bari, Anasse. 'Flock by leader: a novel machine learning biologically inspired clustering algorithm' in *Advances in Swarm Intelligence*, Springer, 2012, pp. 117–26.
9 Amé, Jean-Marc et al. 'Collegial decision making based on social amplification leads to optimal group formation', *Proceedings of the National Academy of Sciences* 103.15, 2006, pp. 5835–40.
10 Stueckle, Sabine and Zinner, Dietmar. 'To follow or not to follow: decision making and leadership during the morning departure in chacma baboons', *Animal Behaviour* 75.6, 2008, pp. 1995–2004.
11 Donaldson, Sue and Kymlicka, Will. *Zoopolis*, op. cit.
12 Regan, Tom. *The Case for Animal Rights*, Springer Netherlands, 1987.
13 Nussbaum, Martha C. *Frontiers of Justice: Disability, Nationality, Species Membership*, Harvard University Press, 2009.
14 Young, Iris Marion. *Inclusion and Democracy*, Oxford University Press, 2002.
15 Young, Iris Marion. *Justice and the Politics of Difference*, University Press of Princeton, 1990.
16 나는 이에 관해서 다음 책에 더 많은 것들을 담았다. *When Animals Speak: Toward an Interspecies Democracy*, New York University Press, 2019.
17 Yeo, Jun-Han and Neo, Harvey. 'Monkey business: human–animal conflicts in urban Singapore', *Social & Cultural Geography* 11.7, 2010, pp. 681–99.
18 위의 책, p. 14.
19 Wolch, Jennifer R. and Rowe, Stacy. 'Companions in the park', Landscape 31.3, 1992, pp. 16–23.

20 Holden, Steve. 'Live and learn', *Teacher*, 2010, http://works.bepress.com/steve_holden/37/.

21 Lemon, Alaina. 'MetroDogs: the heart in the machine', *Journal of the Royal Anthropological Institute* 21.3, 2015, pp. 660–79.

22 위의 책.

# 역자 후기

처음 『이토록 놀라운 동물의 언어』의 소개글을 보았을 때, 내가 상상한 것은 다양한 동물의 의사소통에 관한 흥미로운 이야기들이 나열된 자연 다큐멘터리 같은 책이었다. 번역을 끝낼 때 즈음에는 지인들과의 대화에서 조금 아는 척을 할 만한 토막 지식이 늘어나 있고, 우리 고양이의 생각을 조금 더 잘 알게 될 것이라는 기대를 품기도 했다. 그러나 나의 기대와는 달리, 이 책은 언어에 대한 진지한 철학적 고찰을 담고 있었다.

이 책은 동물에게 인간의 언어를 말하도록 가르치려던 실험들, 동물들끼리의 의사소통, 길들여진 동물과 인간 사이에 일어나는 소통과 교감의 사례들을 살펴보면서, 언어의 의미와 구조를 다시 생각하게 한다. 그 과정에서 소쉬르, 데리다, 비트겐슈타인, 촘스키 같은 석학들의 언어에 관한 학설들이 소개되는데, 과학책을 주로 접해온 내게는 조금 어렵고 생소한 이야기들이었다. 특히 다양한 형식과 방법들 사이에 공통점은 없지만 하나의 범주로 묶을 수 있다는 의미에서 언어를 게임에 비유한 비트겐슈타인의 "언어 게임" 개념은 좁은 의미에 국한되어 있는 언어에 관한 나의 생각을 직관적으로 크게 확장시켜주었다. 저자는 언어를 매개로 동물의 내면을 이해하려고 노력한다. 어찌 보면 그것이 언어의 본래 역할일 것이다.

이 책에서 소개하는 여러 동물들은 나름의 방법으로 자신의 생각과 감정을 전달하고 있다. 다만 그 형식과 방법이 우리가 알고 있는 언어와 똑같지는 않다. 그들의 의사소통 수단을 언어로 생각할 수 있는지 아닌지는 언어를 어떻게 정의하느냐에 따라서 달라지겠지만, 그보다 더 중요한 것은 동물도 그들의 생각과 감정을 이야기할 수 있다는 점이다. 그렇게 다른 동물의 생각을 알고 그들과 대화할 방법을 찾을 수 있게 된다면, 우리가 다른 동물을 대하는 태도도 당연히 변할 수밖에 없을 것이다. 그래서 이야기는 자연스럽게 동물권에 관한 논의로 이어진다. 책에서는 야생동물 무리를 자주적인 자치 공동체로 인정해야 한다는 주장을 소개한다. 더 나아가 반려동물과 농장 동물에게는 시민권을, 길들여지지 않고 인간들 틈에서 살아가는 동물들에게는 영주권을 주어야 한다고도 주장한다. 만약 내가 이 책을 보기 전에 이런 주장을 접했다면, 아마 황당한 이야기라고 생각했을 것이다. 그런데 지금은 어느 정도 수긍이 된다. 언어를 실마리로 삼아서 동물의 지능뿐만 아니라 감정과 문화까지 추적해가는 저자의 이야기에 나도 어느새 설복되었다.

이 책을 우리말로 옮기면서 가장 조심스러웠던 부분은 동물을 지칭하는 낱말들이었다. 저자는 동물을 하대하지 않았다. 원서의 느낌에 충실하려면, 동물을 지칭할 때에 여자, 남자, 어머니, 아기 등으로 표현해야 하지만, 그럴 용기는 없어서 암컷, 수컷, 어미, 새끼라고 쓰게 되었다. 이 표현들을 사람에게 썼을 때 그것이 얼마나 멸칭이 될 수 있는지를 생각하면서, 우리가 동물을 내려다보고 있다는 것을 새삼 깨닫는다. 언어에 대한 고찰을 통해서 동물 존중의 마음을 전하고 싶었던 저자의 의도는 성공적이었다. 적어도 내게는 그렇다.

김정은

# 인명 색인


게이타 Gaita, Raimond 61
구달 Goodall, Jane 157–158, 222–224

네오 Neo, Harvey 242–243
네이글 Nagel, Thomas 168–169

다윈 Darwin, Charles 100, 103, 121, 204–205, 219–220, 224
데리다 Derrida, Jacques 171
데스프레 Despret, Vinciane 149, 157
데카르트 Descartes, René 165–166
도널드슨 Donaldson, Sue 235–237

라이벌 Hribal, Jason 139–141, 235
로렌츠 Lorenz, Konrad 32, 53–55, 125–126, 158, 187, 240
로바트 Lovatt, Margaret 45–47
루츠 Rutz, Christian 56
릴리 Lilly, John 45–47

마수미 Massumi, Brian 203–204
메를로퐁티 Merleau-Ponty, Maurice 160–162, 172
몽테뉴 Montaigne, Michel Eyquem de 143

발 Waal, Frans de 211
버거 Burger, Joanna 31–34
베코프 Bekoff, Marc 83, 89, 103, 201–202, 207, 211, 218, 221, 224
비트겐슈타인 Wittgenstein, Ludwig Josef Johann 58–62, 65–66, 115, 162–164, 167, 173, 186, 196–197

소쉬르 Saussure, Ferdinand de 179–180
슈툼프 Stumpf, Carl 147

스머츠 Smuts, Barbara 82–83, 152–157, 159, 171–174, 223–224
스미스 Smith, Julie Ann 132, 222
스키너 Skinner, B. F. 150
슬로보치코프 Slobodchikoff, Con 75, 100, 102–103, 106–107, 181, 183

아리스토텔레스 Aristoteles 150, 232
앨런 Allen, Colin 36, 83
(스티븐) 앨저 Alger, Steven 128
(재닛) 앨저 Alger, Janet 128
어빈 Irvine, Leslie 142
와디웰 Wadiwel, Dinesh 140
웨스터필드 Westerfield, Michael 55
윅스퀼 Uexküll, Jakob von 118

준한 Jun-Han, Yeo 242–243

촘스키 Chomsky, Noam 150–152, 181

칸데아 Candea, Matei 156
케라소트 Kerasote, Ted 135–136
킴리카 Kymlicka, Will 235–237

테라스 Terrace, Herbert 38
테일러 Taylor, Alex 56
토머스 Thomas, Elizabeth Marshall 133–134, 136

패터슨 Patterson, Francine 39–41
페퍼버그 Pepperberg, Irene 29–31, 34–35, 41, 59, 158
피론 Pyrrhon 165
피어스 Pierce, Jessica 207, 211, 218, 224

하버마스 Habermas, Jürgen 233
하워드 Howard, Len 122–126, 187
하이데거 Heidegger, Martin 117–118, 161–162, 246
하킷 Hockett, Charles 104
해러웨이 Haraway, Donna 114–115, 121
허징 Herzing, Denise 47
헌 Hearne, Vicki 41–42, 115–116, 164, 206